职业教育融媒体教材

Photoshop CC
图形图像处理

王　燕　姜全生　刘可可　主　编
梁丽霞　李志芳　赵美玲　副主编

清华大学出版社
北京

内 容 简 介

本书独具匠心,采用"案例教学法",以"项目引领、任务驱动"的方式详细介绍 Photoshop 的图层、修饰图像、通道、路径、滤镜等知识,并围绕中国传统文化,通过不同任务深入讲解其在 Photoshop 中的多样应用。

本书共包括走进 Photoshop、认识图层、图层的应用、图像调整、通道、路径、滤镜、综合应用八个项目。每个项目分别设置了知识目标、技能目标、项目情境、项目分解、项目测试、项目评价等模块。项目分解模块下的每个任务又分别设置了任务描述、任务实施、知识链接等内容,以便更好地帮助学习者掌握学习进度,提高学习效率。

本书适合作为中等职业教育、一贯制教育和高等职业教育 Photoshop 图形图像处理课程的教材,也可以作为职业教育高考(春季高考)Photoshop 图形图像处理课程的教学用书,还可以作为 Photoshop 初学者的自学参考书。

图书在版编目(CIP)数据

Photoshop CC 图形图像处理 / 王燕,姜全生,刘可可主编.
北京:清华大学出版社,2025.6. --(职业教育融媒体教材).
ISBN 978-7-302-69484-7

Ⅰ. TP391.413

中国国家版本馆 CIP 数据核字第 2025N4E858 号

责任编辑:田在儒
封面设计:刘 键
责任校对:袁 芳
责任印制:宋 林

出版发行:清华大学出版社
     网 址:https://www.tup.com.cn,https://www.wqxuetang.com
     地 址:北京清华大学学研大厦 A 座   邮 编:100084
     社 总 机:010-83470000   邮 购:010-62786544
     投稿与读者服务:010-62776969,c-service@tup.tsinghua.edu.cn
     质量反馈:010-62772015,zhiliang@tup.tsinghua.edu.cn
     课件下载:https://www.tup.com.cn,010-83470410
印 装 者:三河市铭诚印务有限公司
经 销:全国新华书店
开 本:185mm×260mm   印 张:12.75   字 数:309 千字
版 次:2025 年 7 月第 1 版   印 次:2025 年 7 月第 1 次印刷
定 价:69.00 元

产品编号:109415-01

　　本书根据专业教学标准的要求和初学者的认知规律,从实际应用角度出发,由浅入深、循序渐进地介绍 Photoshop 的使用方法和技巧。采用"案例教学法",通过"项目引领、任务驱动"的方式让学习者在实践中掌握图形图像编辑的方法和技巧。全书共有八个项目,项目一借中国传统神话故事展开基本知识与基本技能的学习;项目二以非遗皮影为主题设置三个任务,学习图层的基本知识;项目三聚焦中国书法绘画,介绍蒙版、图层样式及图层混合模式等内容;项目四围绕中国园林讲解图像修复、修饰工具及色彩色调的调整;项目五关联中式服装,展示通道的应用技巧;项目六对应二十四节气,踏上路径的学习之旅;项目七则以国粹京剧为核心,围绕滤镜的应用展开任务;项目八展现茶文化,结合 Photoshop 相关知识,提高实践能力。通过详细讲解典型案例的制作过程,将软件功能与实际应用紧密结合起来,培养学习者掌握使用 Photoshop 软件设计实际作品的能力。

　　为了更好地帮助学习者检验学习成果与提升综合素养,本书建立了完善的项目反馈机制。在每个项目结束后,均设置了项目测试和项目评价。项目测试涵盖了该项目所涉及的关键知识与技能要点,考查学习者对 Photoshop 操作的精准度、对传统文化内涵在作品中体现的把握程度,以及对任务实施过程中各种问题的解决能力。通过这些有针对性的测试题目,学习者能够清晰地了解自己在项目学习中的薄弱环节,及时进行查漏补缺。项目评价从知识技能、综合素养等多维度对学习者在整个项目中的表现进行全面评估。知识技能方面包括是否熟练且恰当地运用了 Photoshop 的各项功能来实现创作意图,综合素养方面包含作品完成度和完整性、是否养成良好的工作习惯、文化表达是否准确且深刻地传达出了中国传统文化的精髓与魅力。项目评价不仅为学习者提供了一个总结经验、反思不足的机会,更为其在后续项目学习中明确了改进方向,激励学习者不断追求卓越,逐步提升自己在 Photoshop 与传统文化融合创作领域的综合实力。

　　我们衷心希望本书能够成为广大学习者开启 Photoshop 与中国传统文化融合创作之旅的得力伙伴。无论是专业设计人员寻求创作灵感的突破,还是初学者渴望踏入数字艺术创作领域,都能从本书中汲取丰富的知识与宝贵的经验。让我们携手共进,在 Photoshop 的绚丽世界中,用传统文化的笔触绘制出属于自己的精彩篇章,为传承与弘扬中国传统文化贡献一分力量。

在本书的写作过程中,编者尽力为学习者提供更好、更完善的内容,但由于水平有限,书中难免存在一些疏漏和不足之处,恳请广大师生批评、指正,以便我们修改和完善。

编　者

2025 年 3 月

教学资源与更新

目　录
CONTENTS

走进 Photoshop

知识目标

1. 掌握图形图像基础知识。
2. 掌握 Photoshop 的基本操作。
3. 认识 Photoshop 工作界面的组成部分及其作用,了解各组成部分之间的关系。
4. 掌握图像的类型及其特点。
5. 理解像素、分辨率、颜色深度的概念及其工作原理。
6. 理解颜色模式的概念及类型。
7. 认识 Photoshop 常见的图像格式。

技能目标

1. 掌握打开或隐藏工具箱等相关的操作技巧。
2. 掌握打开面板等相关的操作技巧。
3. 掌握工作区相关的操作技巧。
4. 掌握文件创建、打开和保存的操作方法。
5. 熟练掌握案例的制作方法。

项目情境

Photoshop 是一款应用广泛的图像处理软件。其功能丰富,在图像、图形、文字、视频、出版等方面都有所涉及,在传统文化的继承和发展上,也发挥了重要的作用。

本项目给大家展示的是 Photoshop 与中国神话故事的结合创新。中国神话故事丰富多彩,蕴含深厚的文化底蕴。这些故事描述了远古时期,神仙妖魔与人类共存的奇幻世界,展示了人类对宇宙起源和生命诞生的想象,体现了古人不屈不挠、勇于探索的精神。这些故事代代相传,不仅丰富了中华文化,也激励着后人不断追求真理与光明。

项目分解

本项目包含以下两个任务。

任务一　制作"后羿射日"照片集

任务二　制作"神农尝百草"绘本封面

本项目将通过以上两个任务带领大家认识 Photoshop 软件，了解 Photoshop 软件的工作界面、图像基础知识以及 Photoshop 基本操作方法，为学习本书知识打下良好基础。

任务一　制作"后羿射日"照片集

【任务描述】

神话传说是中国传统文化重要的组成部分，是上古时期传统文化的产物，充分体现了古代人民的想象力和创造力。后羿射日就是其中之一，故事中的后羿是人类勇气的化身，象征着人类通过自己的勇气和力量创造更好生活的美好愿景。

通过该任务，引导学生认识 Photoshop 软件的工作界面，掌握各部分的名称、作用及关系，并掌握相关的操作方法。

任务素材

【任务实施】

一、新建文件

（1）双击桌面图标，启动 Photoshop CC 2022，如图 1-1-1 所示。

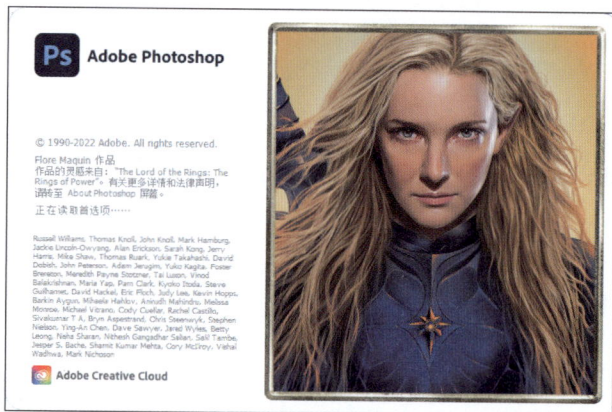

图　1-1-1

（2）在"主页"屏幕单击"新建"按钮，如图 1-1-2 所示，弹出"新建文档"窗口，在窗口中设置文件名为"后羿射日"。参数设置为：宽度 720 像素、高度 576 像素、分辨率 72 像素/英寸。单击"创建"按钮，新建文件，如图 1-1-3 所示。

二、给背景层填充渐变颜色

（1）选中"背景"图层，如图 1-1-4 所示。

（2）选择工具箱中的渐变工具 ▣，工具选项栏出现渐变工具相关参数设置。单击"选择和管理渐变预设"按钮，如图 1-1-5 所示。在弹出的下拉列表中选择"预设"→Blues→blue_01 渐变颜色，如图 1-1-6 所示。

（3）此时鼠标箭头变成" ✛ "，将鼠标指针移动至背景图像的左下角，按住鼠标左键向右上角移动，如图 1-1-7 所示，即可为背景填充渐变颜色，效果如图 1-1-8 所示。

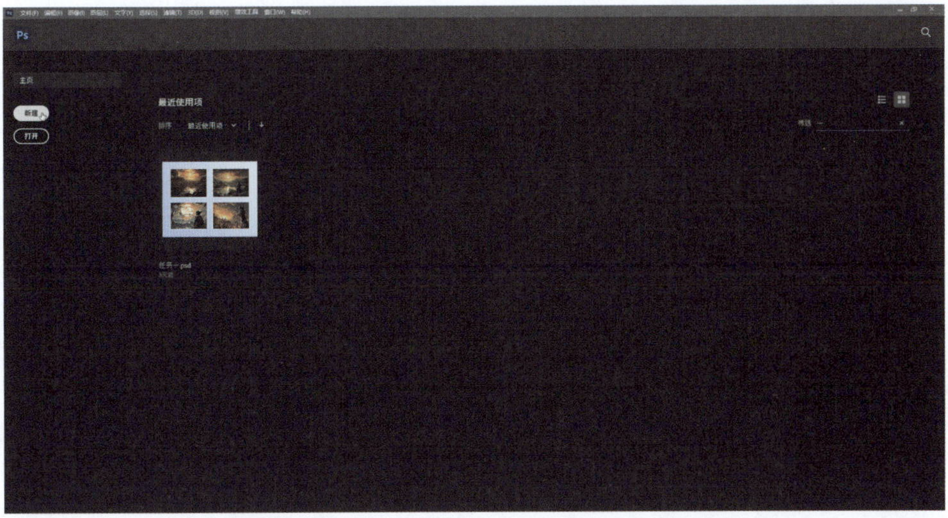

图　1-1-2

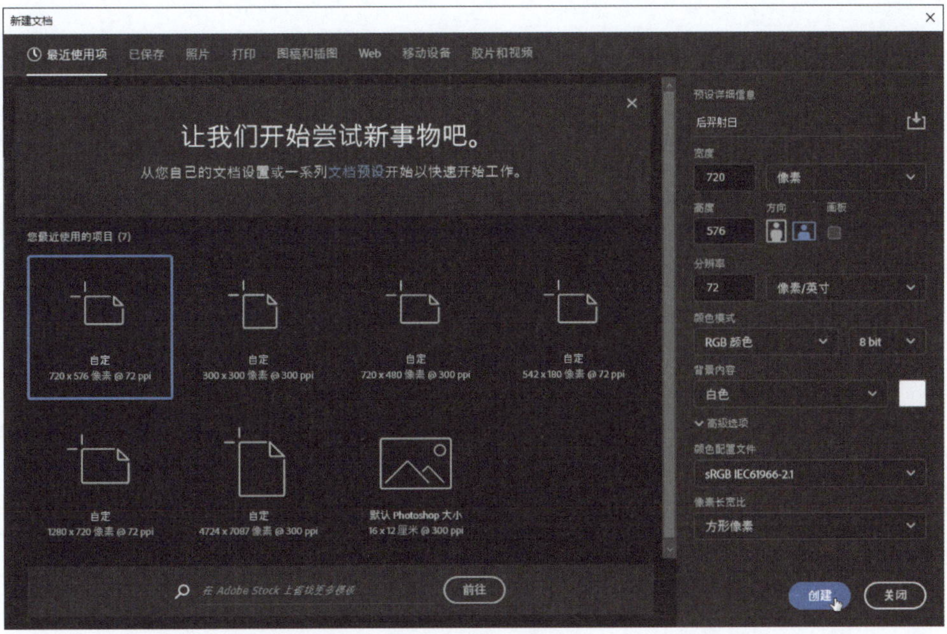

图　1-1-3

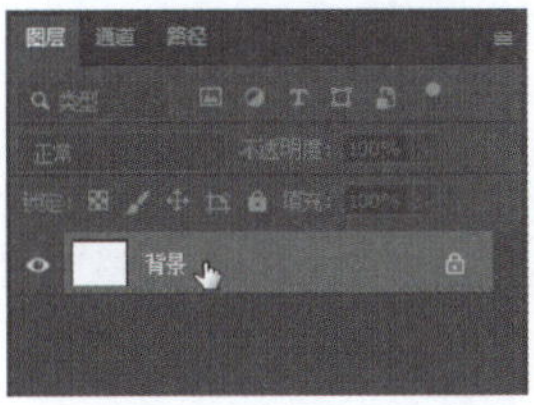

图　1-1-4

图　1-1-5

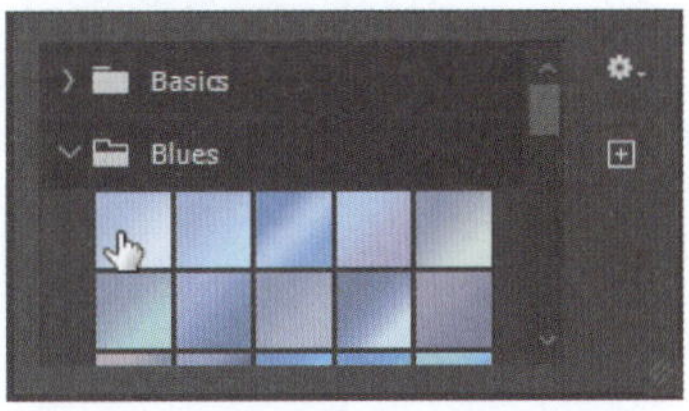

图　1-1-6

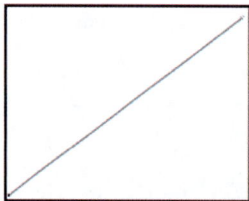

图 1-1-7

图 1-1-8

三、添加图片

（1）选择"视图"窗口，选择"参考线"→"新建参考线"命令，如图 1-1-9 所示。在弹出的对话框中选择"水平"取向，设置位置参数分别为"2 厘米、9.5 厘米、11 厘米、18 厘米"，设置"垂直"取向分别为"2 厘米、11.5 厘米、14 厘米、23.5 厘米"，创建参考线如图 1-1-10 所示。

图 1-1-9

图 1-1-10

（2）选择菜单栏中的"文件"→"打开"命令，在弹出的窗口中选择"素材 01"，单击"打开"按钮，如图 1-1-11 所示，在 Photoshop 中打开"素材 01"。

图 1-1-11

（3）选择"移动工具"，按住鼠标左键，将"素材 01"拖动至"后羿射日"文件中，在工具属性栏中选中"显示变换控件"，如图 1-1-12 所示。鼠标拖动任意控点即可调整图像大小，将图像调整至合适大小。以此类推，将所有图片调整好，如图 1-1-13 所示。

图　1-1-12

图　1-1-13

四、调整整体色调

（1）执行"窗口"→"调整"命令，打开调整面板，在调整面板中选择"创建新的曲线调整图层"按钮，如图 1-1-14 所示。

（2）在"属性"窗口中调整 RGB 曲线，参数设置为：输入 112，输出 142，如图 1-1-15 所示。最终效果如图 1-1-16 所示。

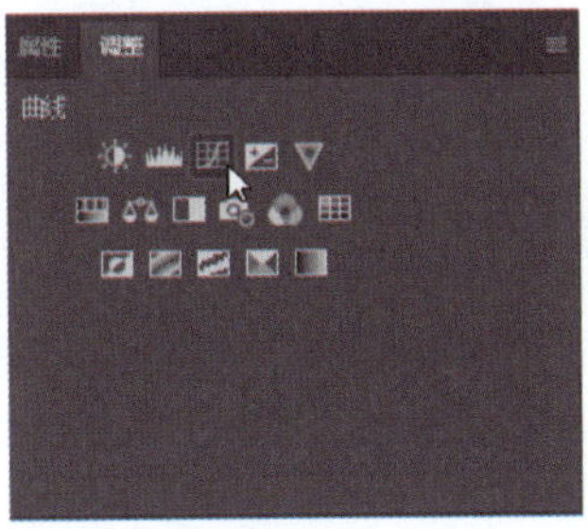

图　1-1-14

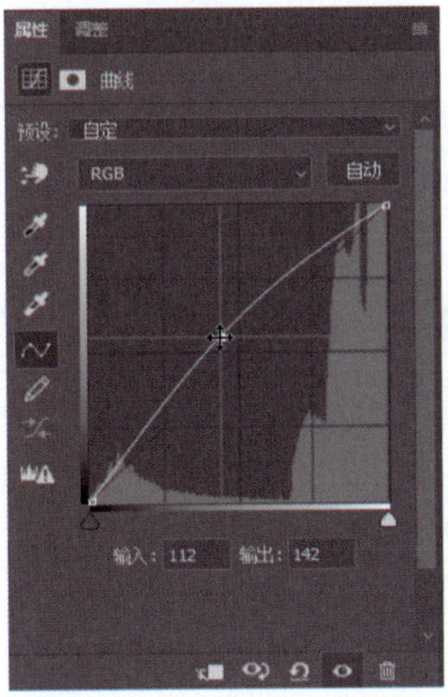

图　1-1-15

五、保存文件

选择菜单栏中的"文件"→"存储"命令，在弹出的"存储为"对话框中设置文件名为"后羿射日"，文件存储为 PSD 格式，选择合适的存储位置，单击"保存"按钮，如图 1-1-17 所示。

图 1-1-16

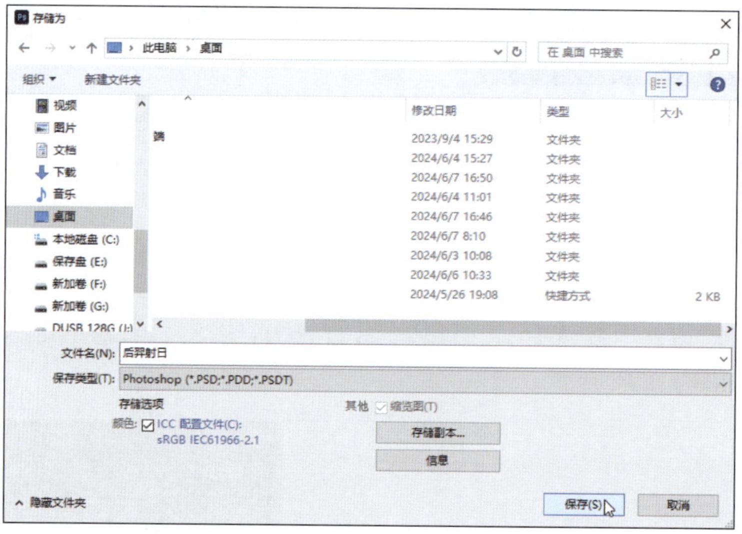

图 1-1-17

【知识链接】

一、Photoshop 工作界面

Photoshop 工作界面由菜单栏、工具属性栏、工具箱、图像编辑窗口（包含标题栏、画布、状态栏）、面板组成，如图 1-1-18 所示。

（1）菜单栏：Photoshop 工作界面中最上面的一栏，包含"文件""编辑""图像""图层""文字""选择""滤镜""3D""视图""增效工具""窗口"和"帮助"，包含了 Photoshop 中的大多数指令。

（2）工具属性栏：配合工具使用，根据所使用的工具显示其属性，主要用来设置工具的调整参数。

（3）工具箱：工具箱中集合了 Photoshop 大部分工具，根据功能分为不同的工具组，包括移动工具组、规则选框工具组、套索工具组、魔棒工具组、裁剪工具组、前景色、背景色填充

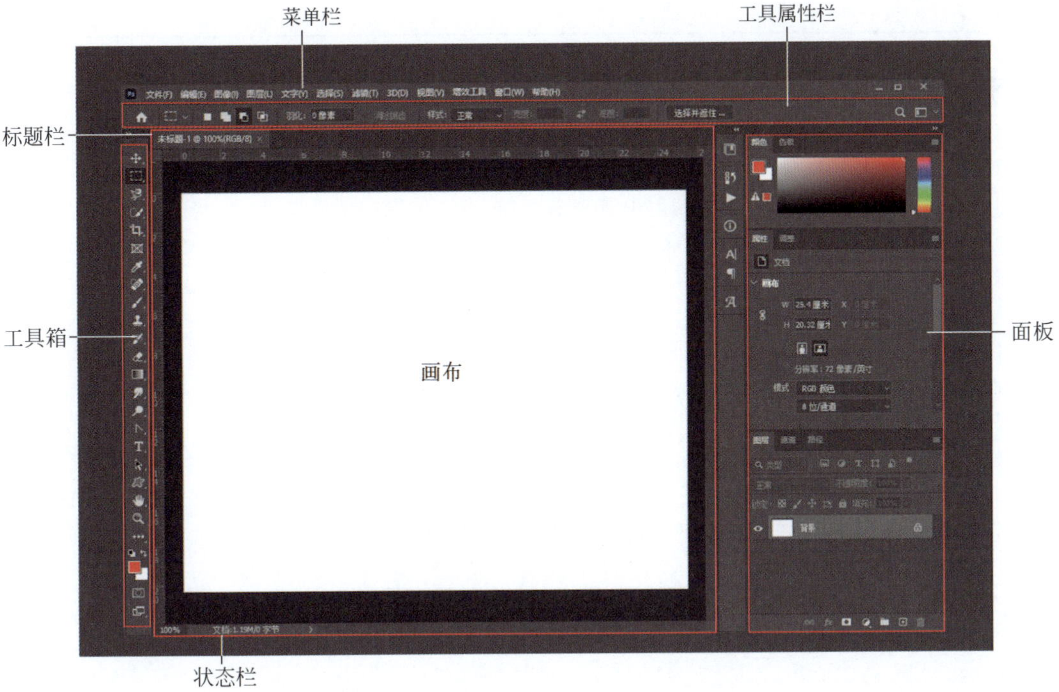

菜单栏　　　　工具属性栏

标题栏

工具箱

画布

面板

状态栏

图　1-1-18

工具、快速蒙版工具、更改屏幕模式工具等 25 组工具。

（4）标题栏：主要用来显示当前文件的标题，还包括当前图层、文件格式、窗口缩放比例、颜色模式和颜色位深度。新建或打开文件时，会自动新建一个标题栏。

（5）画布：图像显示、绘制及编辑的图像区域。

（6）状态栏：位于工作区下方，用于显示当前文档大小、尺寸、缩放比例、当前工具等，单击状态栏中的小箭头可以根据需要自定义显示内容。

（7）面板：不同功能具有不同面板，例如图层面板、文字面板等，显示相关功能的具体操控方式、详细参数和属性设置。

二、图像基本知识

1. 图像类型

计算机处理的图像可以分为两种，分别是矢量图和位图，如表 1-1-1 所示。通常把矢量图称为图形，把位图称为图像。

表 1-1-1　矢量图与位图

类别	矢　量　图	位图（点阵图）
基本元素	图元，也就是图形指令。通过专门的软件将图形指令转换成可在屏幕上显示的各种几何图形和颜色	像素。如果把位图放大到一定程度，就会发现画面是由排成行列的一个个小方格组成的，这些小方格称为像素。位图文件中记录的是每个像素的色度、亮度和位置等信息，因此对于一幅图像来说，单位面积内的像素越多，图像越清晰，同时占用的存储空间越大

续表

类别	矢 量 图	位图(点阵图)
优点	矢量图是根据几何特性来绘制的,通常由绘图软件生成。矢量图的元素都是通过数学公式计算获得的,所以矢量图文件所占存储空间一般较小,而且在进行缩放或旋转时,不会发生失真现象。通常用来表现线条化明显、具有大面积色块的图案	表达色彩丰富、细致逼真的画面
缺点	表现的色彩比较单调,不能像照片那样表达色彩丰富、细致的画面	位图文件占用存储空间比较大,而且在放大输出时会发生失真现象
软件	Illustrator、CorelDRAW 是常用的矢量图设计软件,使用 Animate(其前身为 Flash)制作的动画是矢量动画	Photoshop 是常用的位图设计软件
常用格式	常用的矢量图格式有 AI(Illustrator 源文件格式)、DXF(AutoCAD 图形交换格式)、WMF(Windows 图元文件格式)、SWF(Animate 动画文件格式)等	常用的位图格式有 BMP、JPEG、PSD、GIF、TIFF、PDF

2. 图像质量

(1) 分辨率

分辨率通常分为显示分辨率、图像分辨率和输出分辨率等。

① 显示分辨率。显示分辨率是指显示器屏幕在水平和垂直方向有多少像素点,通常用水平和垂直方向上显示的像素个数的乘积来表示。例如,某显示器的分辨率为 800×600 像素,表示该显示器在水平方向可以显示 800 像素,在垂直方向可以显示 600 像素,共可显示 480000 像素。显示器的显示分辨率越高,显示的图像越清晰。

② 图像分辨率。图像分辨率是指图像中存储的信息量。图像分辨率有多种衡量方法,通常用图像在长和宽方向上所能容纳的像素个数的乘积来表示,如 1280×720 像素;通常可以用 PPI(pixels per inch,每英寸所拥有的像素数量)来衡量。图像分辨率既反映了图像的精细程度,又表示了图像的大小,决定了图像输出的质量。在显示分辨率一定的情况下,图像分辨率越高,图像越清晰,同时图像越大。

③ 输出分辨率。输出分辨率是指输出设备(主要指打印机)在每个单位长度内所能输出的点数,通常用 DPI(dots per inch,每英寸点数)来表示。输出分辨率越高,则输出的图像质量就越好。目前一般激光打印机和喷墨打印机的分辨率都在 600DPI 以上。若打印文本,600DPI 已经达到相当出色的线条质量;若打印黑白照片,最好用分辨率在 1200DPI 以上的喷墨打印机;若打印彩色照,则分辨率最好是 4800DPI 或更高。

(2) 颜色位深度

计算机之所以能够显示颜色,是采用了一种称作"位"(bit)的记数单位来记录所表示颜色的数据。"位"是计算机存储器里的最小单元,它用来记录每一个像素颜色的值。在图像中,各像素的颜色信息是用二进制位数来描述的。颜色位深度(通常简称为"位深")就是指存储每个像素所用的二进制位数。颜色位深度确定彩色图像的每个像素可能有的颜色数,或者确定灰度图像的每个像素可能有的灰度级数。如果图像的颜色位深度用 n 来表示,那么该图像能够支持的颜色数(或灰度级数)为 2^n。图像的颜色位深度通常有 1 位、4 位、

8 位、16 位、24 位。在 1 位图像中,每个像素的颜色只能是黑或白;若颜色深度为 24 位,则支持的颜色数目达 1677 万余种,通常称为真彩色。

(3) 颜色模式

颜色模式是将某种颜色表现为数字形式的模型,是一种记录图像颜色的方式,是在显示器屏幕上和打印页面上重现图像色彩的模式。颜色模式的实质是一种光波,通过不同的数学模型来描述和表示颜色。它不仅会影响图像中能够显示的颜色数目,还会影响图像的通道和文件的大小,不同颜色模式显示的图像效果不同。

Photoshop 中的颜色模式有 RGB 模式、CMYK 模式、Lab 模式、位图模式、灰度模式、双色调模式、索引颜色模式和多通道模式,其中最常用的是 RGB 模式、CMYK 模式和 Lab 模式。

① RGB 模式。RGB 模式是 Photoshop 中最常用的颜色模式,也是 Photoshop 图像的默认颜色模式。RGB 模式用红(R)、绿(G)、蓝(B)三原色来混合产生各种颜色,该模式的图像中每个像素的 R、B 颜色值均为 0~255,各用 8 位二进制数来描述,因此每个像素的颜色位深度是 24 位,即所谓的真彩色。就编辑图像而言,RGB 是最佳的颜色模式,但并不是最佳的印刷模式,因为其定义的许多颜色超出了印刷范围。采用 RGB 模式的图像有三个颜色通道,分别用于存放红、绿、蓝三种颜色数据,如图 1-1-19 所示。

② CMYK 模式。CMYK 模式是针对印刷行业设计的颜色模式,是一种基于青(C)、洋红(M)、黄(Y)、黑(K)四色印刷的颜色模式。CMYK 模式是通过油墨反射光来产生色彩的,该模式定义的色数比 RGB 模式少得多,所以若图像由 RGB 模式直接转换为 CMYK 模式必将损失一部分色。采用 CMYK 模式的图像有 4 个颜色通道,分别用于存放青色、洋红、黄色和黑色四种颜色数据,如图 1-1-20 所示。

③ Lab 模式。Lab 模式是 Photoshop 内部的颜色模式,是目前色彩范围最广的一种颜色模式。Lab 模式由三个通道组成,其中,L 通道是亮度通道,a 和 b 通道是颜色通道,如图 1-1-21 所示。Lab 模式弥补了 RGB 模式和 CMYK 模式的不足,在进行色彩模式转换时,Lab 模式转换为 CMYK 模式不会出现颜色丢失现象,因此,在 Photoshop 中常利用 Lab 模式作为 RGB 模式转换为 CMYK 模式时的过渡模式。

图 1-1-19

图 1-1-20

图 1-1-21

(4) 图像的文件格式

计算机存储图像的格式有很多种,每种格式的特点各不相同,可根据实际操作需求选择不同的格式。常见的存储格式有 BMP、JPEG、PSD、GIF、TIFF、PNG、PDF、PCX、TGA、EXIF、FPX、SVG、CDR、PCD、DXF、UFO、EPS、AI、RAW、WMF、WEBP、AVIF、APNG 等。下面简单介绍几种最常用的格式。

① BMP 格式。BMP 格式是 Windows 系统的标准图像格式。由于 BMP 文件格式是

Windows 环境中交换与图有关的数据的一种标准,因此在 Windows 环境中运行的图形图像软件都支持 BMP 图像格式。BMP 支持 1 位到 24 位颜色深度,不采用压缩技术,所以占用磁盘空间较大。

② JPEG 格式。JPEG 格式是采用 JPEG(joint photographic experts group,联合图像专家组)压缩标准进行压缩的图像文件格式,可以选用不同的压缩比,是一种有损压缩。由于它的压缩比可以很大,文件较小,所以是因特网上最常用的图像文件格式之一,文件后缀名为".jpg"或".jpeg"。

③ PSD 格式。PSD 格式是 Photoshop 的专用格式。这种格式可以将 Photoshop 的图层、通道、参考线、蒙版和颜色模式等信息都保存起来,以便对图像做进一步的修改。它是一种支持所有图像颜色模式的文件格式。其文件扩展名是".psd"。

④ GIF 格式。GIF(graphics interchange format,图形交换格式)是一种采用 LZW 算法压缩的 8 位图像文件格式。该格式的文件可以同时存储若干幅静止图像进而形成连续的动画,可指定透明区域,文件较小,适合网络传输。LZW 算法是一种无损压缩技术,该技术在压缩包含大面积单色区域的图像时最有效。

⑤ TIFF 格式。TIFF(tagged image file format,标签图像文件格式)为许多图形图像软件所支持,是灵活的位图图像格式。TIFF 格式支持具有 Alpha 通道的 CMYK、RGB、Lab 等多种颜色模式。Photoshop 在该格式中能存储图层信息,但在其他应用程序中打开该类文件时只能看到拼合图层后的图像。TIFF 格式常用于在不同应用程序和不同操作系统之间交换文件。

⑥ PNG 格式。PNG(portable network graphics,可移植网络图形)格式是一种位图文件存储格式,它采用从 LZ77 派生的无损数据压缩算法。用 PNG 格式来存储灰度图像时,灰度图像的颜色深度可多达 16 位;存储彩色图像时,彩色图像的颜色深度可多达 48 位,并且还可存储多达 16 位 Alpha 通道数据。PNG 格式具有高保真性、高透明性、文件较小等特性,被广泛应用于网页设计平面设计领域。

⑦ PDF 格式。PDF(portable document format,可移植文档格式)与软件、硬件和操作系统无关,是一种跨平台的文件格式,便于交换文件与浏览。它支持 RGB、CMYK、Lab 等多种颜色模式。

任务二　制作"神农尝百草"绘本封面

【任务描述】

神农一般指炎帝,是中国上古时期姜姓部落的首领尊称,号神农氏。相传炎帝牛首人身,他亲尝百草,用草药治病;发明刀耕火种,创造了两种翻土农具,教民垦荒种植粮食作物;还领导部落人民制造出了饮食用的陶器和炊具。传说炎帝部落后来和黄帝部落结盟,共同击败了蚩尤。华人自称炎黄子孙,将炎帝与黄帝共同尊奉为中华民族人文始祖,成为中华民族团结、奋斗的精神动力。

任务素材

通过本任务,学习 Photoshop 的基本操作方法,包括新建、打开、保存文件,改变图像大小与画布大小的方法,撤销操作步骤的方法等。

【任务实施】

一、打开文件

（1）打开 Photoshop 软件,在"主页"屏幕上单击"打开"按钮,如图 1-2-1 所示。

（2）在弹出的"打开"对话框的相应素材中选择素材"背景图",单击对话框中的"打开"按钮,如图 1-2-2 所示。

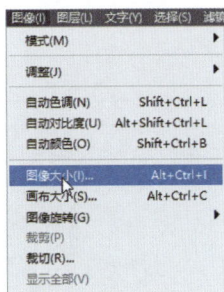

图　1-2-1　　　　　　　　　　　　　　　　图　1-2-2

二、调整文件大小

（1）打开背景图,选择"图像"菜单中的"图像大小"命令,如图 1-2-3 所示,弹出"图像大小"对话框。

（2）在"图像大小"对话框中将文件大小修改为宽 1280 像素、高 661 像素,单击"确定"按钮,如图 1-2-4 所示,调整好后的视图如图 1-2-5 所示。

图　1-2-3　　　　　　　　　　　　　　　　图　1-2-4

（3）此时视图太小,不适合继续操作,选择工具箱中的"抓手工具" ,在工具属性栏中单击"适合屏幕"按钮,如图 1-2-6 所示,使整幅图像充满整个工作区,如图 1-2-7 所示。

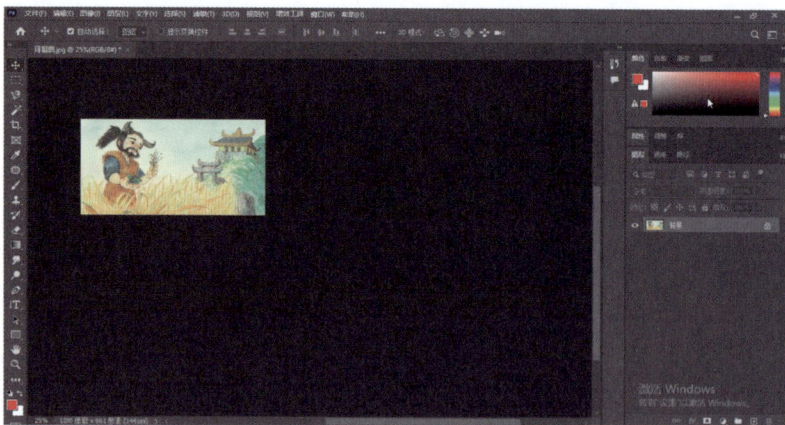

图 1-2-5

图 1-2-6

图 1-2-7

（4）选择"图像"菜单中的"画布大小"命令，如图 1-2-8 所示，在弹出的"画布大小"对话框中选中"相对"选项，"高度""定位""画布扩展颜色"参数设置如图 1-2-9 所示，单击"确定"按钮，效果如图 1-2-10 所示。

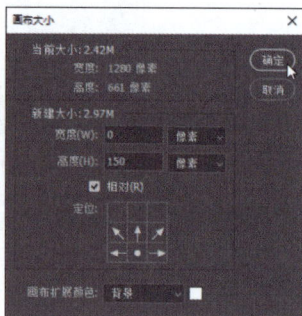

图 1-2-8   图 1-2-9   图 1-2-10

三、制作绘本标题

（1）打开素材文件夹，选择"标题"素材，按住鼠标左键不放，将其拖曳至 Photoshop 图像编辑窗口后松开鼠标。

（2）调整"标题"在绘本封面中的位置，将其放置在图像上方，如图 1-2-11 所示。

（3）使用同样的方法将"绘本印章"素材拖入图像文件中。

图　1-2-11

（4）选择"移动工具" ，在属性栏中选中"显示变换控件"选项，如图 1-2-12 所示。将鼠标放到素材周围的空白小方块上就可以调整素材的大小，如图 1-2-13 所示，并将其放置到合适的位置，最终效果如图 1-2-14 所示。

图　1-2-12　　　　　图　1-2-13　　　　　图　1-2-14

四、保存文件

（1）执行"文件"→"存储为"菜单命令，保存文件为"绘本封面.psd"。

（2）执行"文件"→"存储副本"菜单命令，将文件另存为"绘本封面.jpg"。

【知识链接】

一、新建、打开、存储文件

1. 新建文件

单击"主页"屏幕上的"新建"按钮或者选择"文件"→"新建"菜单命令，打开"新建文档"对话框，如图 1-2-15 所示。在"新建文档"对话框中，左侧是各类预设文档大小，默认显示"最近使用项"中的几种预设大小。右侧显示自定义设置的相关参数。

- "文件名"：为新文档指定文件名。
- "宽度"和"高度"文本框：用来自定义文件的尺寸。
- "方向"：指定文档的页面方向，横向或纵向。
- "分辨率"文本框：用来设置图像的分辨率，在文件的高度和宽度不变的情况下，分辨率越高，图像越清晰。
- "颜色模式"下拉列表框：用来选择图像的颜色模式，其右侧的下拉列表框用来选择图像的颜色位深度。
- "背景内容"下拉列表框：用来选择新建图像的背景色。

在对话框中设置好相关参数,单击"创建"按钮,即可创建新文档。

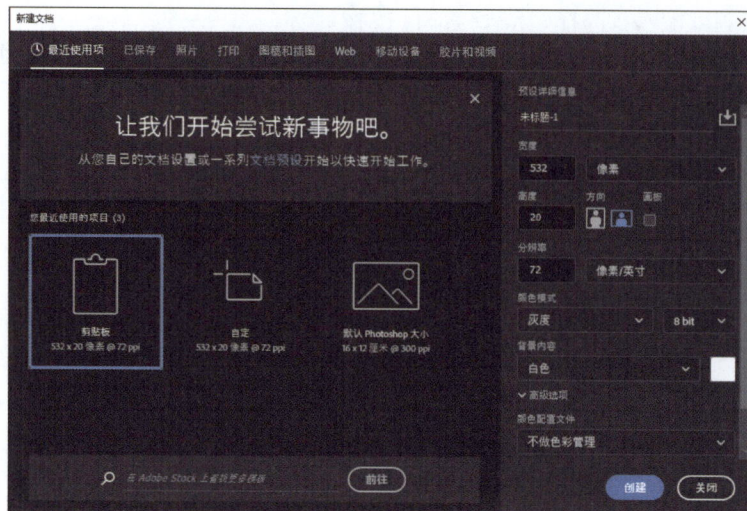

图　1-2-15

2．打开文件

在"主页"屏幕上单击"打开"按钮或选择"文件"→"打开"菜单命令,弹出"打开"对话框,如图 1-2-16 所示。在相关文件夹中选择相应的素材,单击"打开"按钮,就可以在 Photoshop 中打开一个文件。

图　1-2-16

3．存储文件

在"文件"菜单中,有三种命令可以存储文件,分别是"存储""存储为""存储副本"。

（1）"存储"命令：以当前格式存储更改过的文档,快捷键是 Ctrl＋S。第一次使用该命令时会弹出"存储为"对话框,如图 1-2-17 所示。

（2）"存储为"命令：用于使用其他名称、位置或格式存储文件,快捷键为 Shift＋Ctrl＋S。选择"文件"→"存储为"菜单命令,打开"存储为"对话框,如图 1-2-17 所示,指定文件名和位置,从"保存类型"下拉列表框中选取格式,设置"存储选项",单击"保存"按钮（若"保存

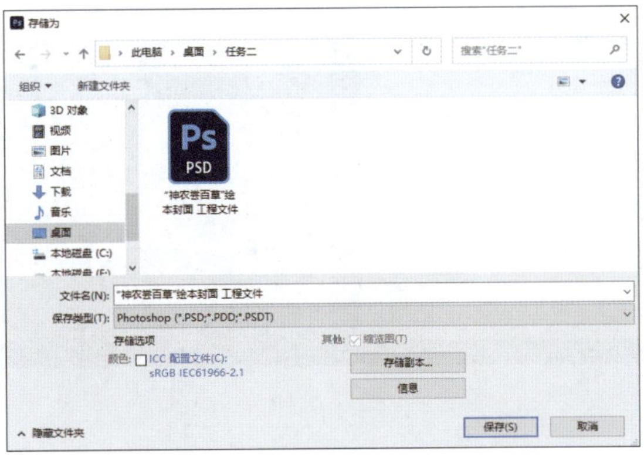

图　1-2-17

类型"下拉列表框中没有想要的文件格式,单击"存储副本"按钮,在打开的"存储副本"对话框中进一步设置)。

（3）"存储副本"命令：可以快速创建一个当前文件的副本,而不会覆盖原始文件,这个功能在需要保留原始文件的情况下或者找不到所需格式时使用,快捷键为 Alt＋Ctrl＋S。选择"文件"→"存储副本"命令,可弹出"存储副本"对话框,如图 1-2-18 所示,设置完成后,单击"保存"按钮。

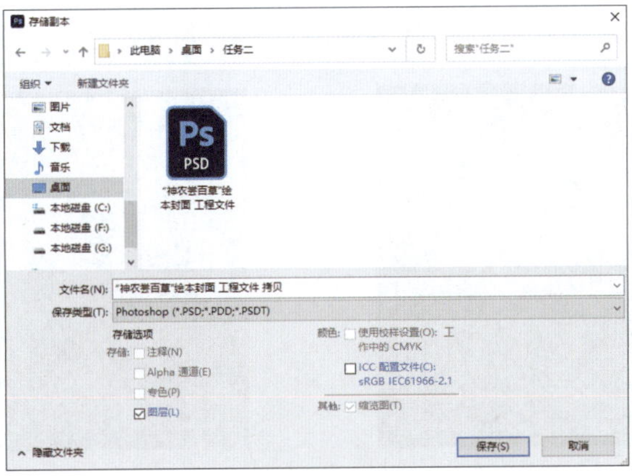

图　1-2-18

二、调整图像大小和画布大小

1. 调整图像大小

调整图像大小可以改变图像的文档大小,影响图像在屏幕上显示的大小、图像的质量及图像的打印尺寸和分辨率。

选择"图像"→"图像大小"命令,弹出"图像大小"对话框,快捷键为 Alt＋Ctrl＋I,如图 1-2-19 所示。在该对话框中,左侧为图像预览区,显示图像实时预览。

将鼠标指针置于预览区内变为抓手状,拖动可查看实时图像的不同区域；拖动调节显示比例控件,可调节预览区图像的显示比例；拖动该对话框的一角,可调整预览区大小。

右侧可显示并设置以下参数。

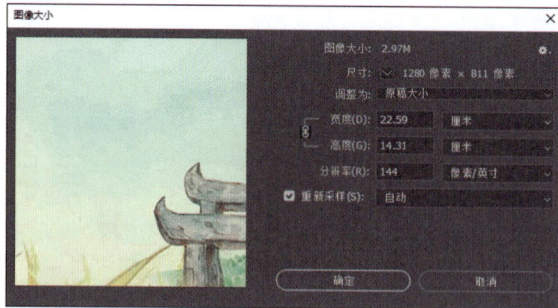

图 1-2-19

- "图像大小": 显示文档的大小(调整参数后,原文档的大小会出现在后面的括号中)。
- "尺寸": 实时显示图像的像素大小。
- "约束长宽比" █ : 若为选中状态,则改变宽度或高度中的一个值时,另一个值也会随之改变,以保持图像长宽比例不变;若不选中,则无法保持图像长宽比不变。
- "重新采样": 若选中该选项,则更改高度、宽度或分辨率时会按比例调整像素总数,文档大小也随之改变(如果增大图像高度、宽度或提高分辨率,则会根据不同的插值方法增加新的像素,会影响图像的显示质量),如图 1-2-20 所示;若取消选择,修改图像的宽度、高度或分辨率,图像的像素总量不会发生变化,文档大小也不变(提高分辨率,会自动减小宽度和高度),如图 1-2-21 所示。

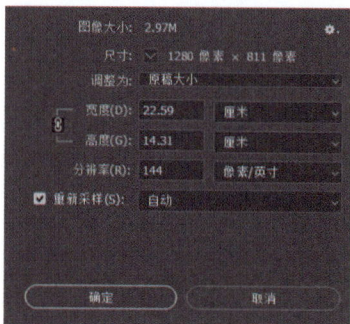

图 1-2-20

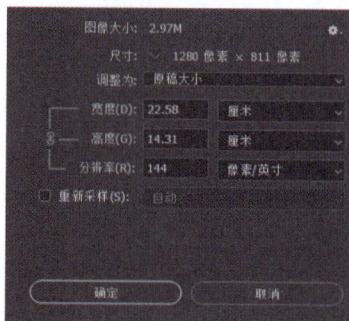

图 1-2-21

调整好参数后,单击"确定"按钮,图像大小即可调整完成。

2. 调整画布大小

选择"图像"→"画布大小"命令,弹出"画布大小"对话框,快捷键为 Alt＋Ctrl＋C,如图 1-2-22 所示,在对话框中分别对画布的宽度、高度、定位和画布扩展颜色进行调整,设置完成后单击"确定"按钮。改变画布大小不会对图像的质量产生影响,只会改变处理图像的区域。

- "当前大小": 显示修改前文档的大小、图像的宽度和高度。
- "新建大小": 显示修改后文档的大小。

若不选中"相对"复选框,直接在"宽度"或"高度"文本框中输入数值,即为调整后的画布大小;若选中"相对"复选框,则"宽度"和"高度"值会自动变为 0,在其中输入数值后,表示在当前画布大小的基础上增加或减去该数值,正值表示扩展画布,负值表示缩小画布。

若调整后的画布尺寸小于原来尺寸,图像将被剪切,会弹出如图 1-2-23 所示的提示对话框。

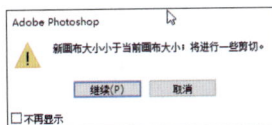

图 1-2-22   图 1-2-23

- "定位":可以精确地控制画布的扩展方向和位置。通过选择不同的定位点,可以决定画布在图像的哪个方向上扩展,如图 1-2-24 所示。

图 1-2-24

- "画布扩展颜色":设置画布增加部分的颜色。

三、图像浏览的基本操作

1. 缩放工具

单击工具箱中的"缩放工具"按钮,在图像中单击可放大图像的显示比例;按住 Alt 键的同时在图像中单击,可缩小图像的显示比例;若双击工具箱中的"缩放工具"按钮,可使图像以 100% 的比例显示;若利用"缩放工具"在图像中拖曳出一个矩形框,则矩形框中的图像部分会放大显示在图像编辑窗口中。

也可以使用缩放工具属性栏的相关选项、按钮进行缩放视图,如图 1-2-25 所示。

图 1-2-25

2. 缩放命令

在"视图"菜单中有一组改变图像显示比例的命令。

- "放大"：使图像的显示比例放大，快捷键为 Ctrl＋ ＋。
- "缩小"：使图像的显示比例缩小，快捷键为 Ctrl＋ －。
- "按屏幕大小缩放"：使图像尽可能大地显示在屏幕上。
- "100％""200％"：使图像以 100％或 200％的比例显示。
- "打印尺寸"：使图像以实际打印的尺寸显示。

3．抓手工具

若图像本身的尺寸较大或图像放大后超出了图像编辑窗口的显示范围，可单击工具箱中的"抓手工具"按钮 ，在画布中拖曳鼠标指针，以观察图像的不同区域。

若双击工具箱中的"抓手工具"按钮，可使图像尽可能大地显示在图像编辑窗口中。

在选择了工具箱中的其他工具为当前工具时，按空格键，可临时切换为"抓手工具"，利用"抓手工具"移动图像，松开空格键后可恢复到原来的工具状态。

也可以通过"抓手工具"选项栏中的"100％""适合屏幕""填充屏幕"按钮来调整图像显示比例，如图 1-2-26 所示，选中其中一个按钮，在图像上单击即可按比例显示。

图　1-2-26

4．旋转视图工具

使用"旋转视图工具" 可以在不破坏图像的情况下旋转画布。不会使图像变形，便于绘画或绘制。

选择"旋转视图工具"，在画布中按住鼠标左键并拖曳即可旋转画布；在其选项栏的"旋转角度"中输入数值，可实现画布的精确旋转；单击选项栏中的"复位视图"按钮，可将画布恢复到原始角度。

5．"导航器"面板

"导航器"可为图像的浏览起导航作用，如图 1-2-27 所示。当图像编辑窗口能够完整显示图像时，"导航器"中的红框内也完整显示图像，如图 1-2-28 所示；当图像显示过大，图像编辑窗口只能显示一部分图像时，"导航器"中红框中的图像内容就是图像编辑窗口显示的图像部分，如图 1-2-29 所示。

图　1-2-27

6．"历史记录"面板

撤销操作在编辑过程中不可或缺，我们可以通过菜单命令与"历史记录"面板完成撤销操作。

利用"编辑"菜单中的"还原……"或"重做……"命令可以撤销或者重做最近一次操作，快捷键分别为 Ctrl＋Z 和 Shift＋Ctrl＋Z。

要想一次撤销多步操作可以使用"历史记录"面板，当前图像文件可以撤销或重做的步骤都显示在"历史记录"面板中。

选择"窗口"→"历史记录"命令，即可打开"历史记录"面板，如图 1-2-30 所示。

- "设置历史记录画笔的源" ：使用"历史记录画笔"时，该图标所在的位置代表历史记录画笔的源图像。

图 1-2-28

图 1-2-29

- "从当前状态创建新文档"：可将当前历史记录状态下的图像编辑状态保存为一个新的记录画笔的源图像。
- "创建新快照"：可为当前历史记录状态下的图像保存一个临时副本，即快照，新快照将添加到"历史记录"面板顶部的快照列表中，若希望退回到某个快照的图像状态，单击选定该快照即可。
- "删除当前状态"：选择一个历史记录状态，单击该按钮可将该记录及后面的记录删除。

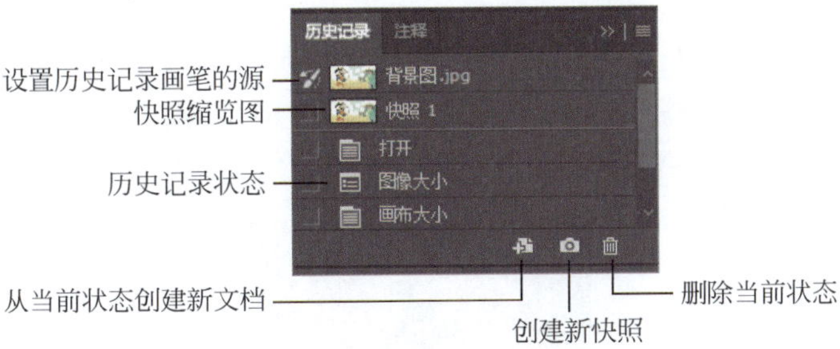

图 1-2-30

默认情况下，"历史记录"面板会记录 50 步操作。可以选择"编辑"→"首选项"菜单命令，在打开的"首选项"对话框的"历史记录状态"文本框中输入数值，可以使"历史记录"面板记录更多的操作步骤。

项目测试

一、选择题

1. 关于面板说法错误的是(   )。

    A. 切换面板时单击其标签名称

    B. 隐藏面板需双击其标签名称

    C. 若工作区中没有需要的面板,选择"窗口"菜单,可将某个面板显示出来

    D. 显示图层面板也可按下 F5 键

2. 下列不属于图像编辑窗口的是(   )。

    A. 标题栏　　　　　B. 工具箱　　　　　C. 画布　　　　　D. 状态栏

3. 选择"图像"→"图像大小"命令,可调整图像大小。如果选中(   ),当图像的尺寸或分辨率之一改变时,另一项保持不变,但会自动改变"像素大小"选项组中的宽度和高度值。

    A. 限制长宽比　　　B. 重定图像像素　　C. 重新采样　　　D. 复位

4. Photoshop 中,打开网络线的快捷键是(   )。

    A. Ctrl+R　　　　　B. Ctrl+'　　　　　C. Ctrl+L　　　　D. Ctrl+T

5. "清除参考线"命令的作用是(   )。

    A. 将选中的参考线清除　　　　　　B. 清除所有的参考线

    C. 将水平方向的参考线清除　　　　D. 将垂直方向的参考线清除

二、简答题

1. 请列举五项状态栏可以显示的信息。

2. 请列四种 Photoshop 中的颜色模式,并写出它们的定义。

三、案例分析题

学校要举行歌曲比赛,委托平面设计社团做宣传海报,张三是社团成员,在做海报的过程中出现一些问题,请你帮助他解决一下吧。

(1) 海报要求是宽、高为 A4 大小,分辨率为 300PPI,文件名称为"歌曲比赛",请将创建文件具体步骤写清楚。

(2) 张三做好海报后打印出来发现颜色出现偏差,请利用本章所学分析一下具体原因。

四、综合应用题

请根据提供的素材(图 1-1、图 1-2)写出制作"后羿射日"主题信纸(图 1-3)的步骤。要求:文件大小为 A4 大小,分辨率为 300 像素/英寸,使用"绘画"工作区,要求保存文件名为"后羿射日主题信纸"的 PSD 格式文件。

图 1-1　　　　　　　　　图 1-2　　　　　　　　　图 1-3

五、技能操作题

后羿射日是中国古代神话故事的代表作之一,可以作为各类艺术创作的主题。请根据提供的素材(图 1-4~图 1-7)完成以后羿射日为主题的明信片设计(图 1-8),要求如下:

项目素材

(1)新建大小为 1280×720 像素,分辨率为 300PPI,名称为"后羿射日明信片",颜色模式为 RGB 的文件。

(2)将素材都导入文件中,利用移动工具调整其大小和位置。

(3)调整素材 04 的图层位置和不透明度,最终效果如图 1-3-8 所示。

(4)保存文件格式为 JPEG,文件名为"后羿射日明信片"。

图 1-4

图 1-6

图 1-5

图 1-7

图 1-8

项目评价

知 识 技 能	了 解	基本掌握	熟练掌握
Photoshop工作界面	☆☆☆	☆☆☆	☆☆☆
图像基础知识	☆☆☆	☆☆☆	☆☆☆
Photoshop基本操作	☆☆☆	☆☆☆	☆☆☆
综 合 素 养	**自 评**	**互 评**	
请从以下方面进行评价。 1.是否了解中国神话故事,能否准确表达传统文化的精髓和魅力。 2.任务作品的完成度与完整性。 3.操作过程中是否有良好的工作习惯。			

项目二

认 识 图 层

🖋 知识目标

1. 了解选区的概念及作用。
2. 了解规则选区的创建方法和基本操作。
3. 了解不规则选区的创建方法和基本操作。
4. 了解图层的基本概念和分类。
5. 了解图层面板的作用。

📖 技能目标

1. 掌握多种创建选区的方法。
2. 掌握设置前景色和背景色的方法。
3. 掌握填充图像的方法。
4. 掌握图像的移动和变换方法。
5. 掌握文字工具组的基本操作方法。
6. 熟练编辑和应用选区。
7. 掌握图层的基本操作方法。
8. 熟练使用图层面板。

🗻 项目情境

皮影艺术,作为中国古代民间艺术的瑰宝,承载着丰富的传统文化内涵和深厚的历史底蕴。它将兽皮或纸板等材料精心雕刻成人物、动物或景物的剪影,通过幕后操纵和灯光投射,在白色幕布上演绎出一幕幕生动的故事。皮影艺术代表着古老的民间传统和地域文化特色,是连接过去与现在的桥梁。通过皮影艺术的表演和传承,我们可以更加深入地了解中国古代社会的历史、文化和民俗风情,感受中华文化的博大精深和独特魅力。

本项目我们将通过一系列与"皮影艺术"相关的实践任务,深入了解图层的概念与重要性,并掌握 Photoshop 常用工具的使用技巧。本项目的重点内容包括:认识图层、选区工具及其基本操作、填充图像、图像的移动和变换以及文字工具组的基本操作。通过"皮影艺术"系列作品的制作,我们将深刻体会到传统文化与现代技术的完美结合所带来的无限可能。同时,这些作品也将成为对我们艺术基础的一次全面检验和提升。

项目分解

本项目包含以下三个任务。

任务一　制作"皮影年画"

任务二　制作"皮影照片墙"

任务三　制作"皮影书签"

本项目将通过以上三个任务带领大家深入了解图层的概念与重要性,并掌握 Photoshop 常用工具的使用技巧,为后续的创意设计打下坚实的基础。

任务一　制作"皮影年画"

【任务描述】

皮影年画也称"影绘年画"或"光影年画",是源自中国古代民间的一种独特艺术形式,其历史可追溯至汉唐时期,在明清时达到鼎盛,广泛流传于全国各地。作为融合皮影戏元素与传统年画技法的新颖创作,皮影年画以丰富的色彩、生动的形象和深刻的文化寓意,深受民众喜爱,成为节日庆典中不可或缺的一部分。

任务素材

本任务是制作皮影年画,通过该任务,引导学生掌握前景色与背景色的设置、图像的移动与变换,以及规则选框工具的使用方法和基本操作。

【任务实施】

一、新建文件及背景

（1）新建文件,命名为"皮影年画",设置大小为 450×465 像素,分辨率为 72 像素/英寸,颜色模式为 RGB,背景为透明,单击"创建"按钮,如图 2-1-1 所示。

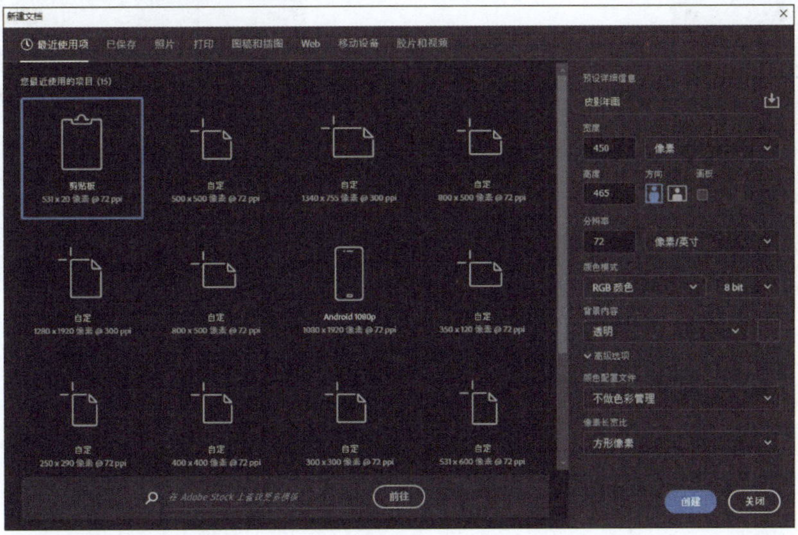

图　2-1-1

（2）打开素材"背景"，选择"移动工具"将其拖入"皮影年画"文件中，自动生成"图层2"，如图 2-1-2 所示，按住 Ctrl＋T 组合键，调整其大小及位置，按 Enter 键确定，效果如图 2-1-3 所示。

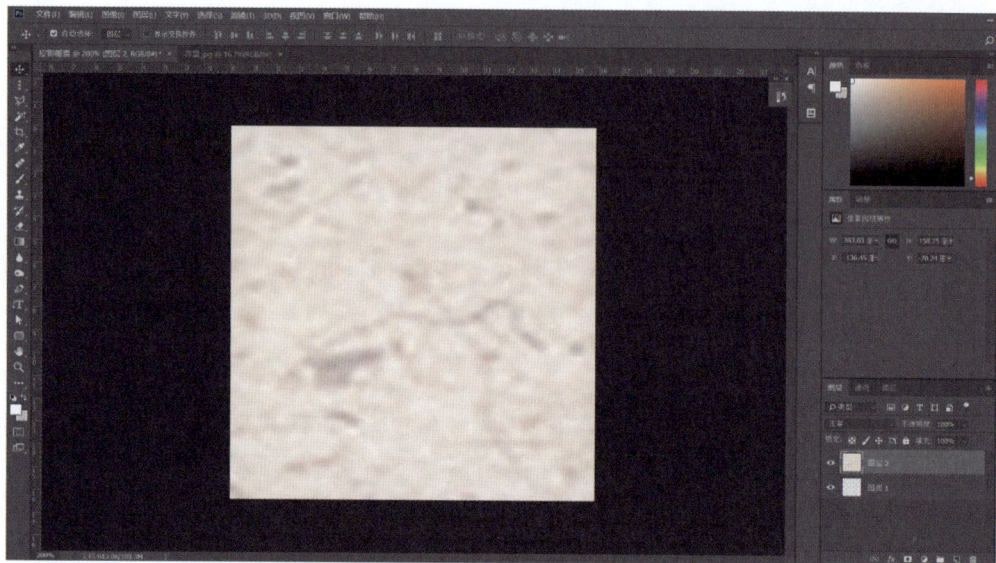

图　2-1-2

图　2-1-3

二、绘制皮影图像边框

（1）新建图层，命名为"边框1"。选择"矩形选框工具"，单击属性栏中的"新选区"按钮，绘制一个如图 2-1-4 所示的矩形。设置前景色为"ab7c44"，按 Alt＋Delete 组合键在"边框1"图层上填充前景色，如图 2-1-5 所示。选择菜单栏中的"选择"→"修改"→"收缩"命令，弹出"收缩选区"对话框,如图 2-1-6 所示,将"收缩量"设为"8",单击"确定"按钮,然后按 Delete 键删除选区内容,如图 2-1-7 所示。

图　2-1-4

图　2-1-5

图　2-1-6

图　2-1-7

（2）新建图层,命名为"边框 2",执行菜单栏中的"选择"→"修改"→"收缩"命令,将"收缩量"设为"10",单击"确定"按钮,按 Alt＋Delete 组合键在"边框 2"图层上填充前景色,如图 2-1-8 所示。单击"确定"按钮,然后按 Delete 键删除选区内容,按 Ctrl＋D 组合键取消选区,如图 2-1-9 所示。

（3）打开素材"人物",选择"移动工具"将其拖入"皮影年画"文件中,自动生成"图层 3",如图 2-1-10 所示。按住 Ctrl＋T 组合键,再按住 Shift 键等比例调整其大小及位置,按 Enter 键确定,效果如图 2-1-11 所示。

图　2-1-8　　　　　　　　　　　图　2-1-9

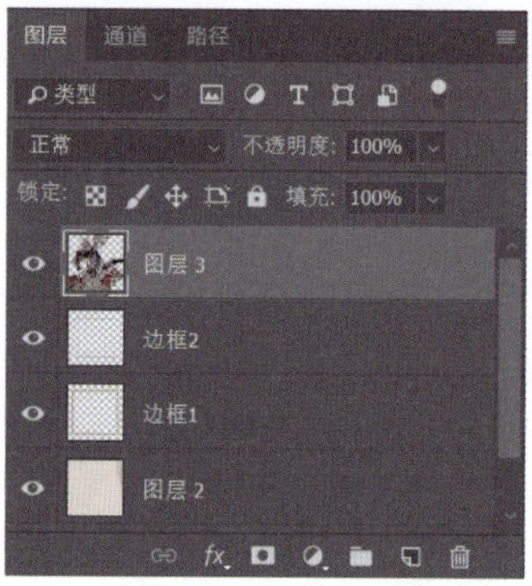

图　2-1-10 　　　　　　　　　　图　2-1-11

三、制作皮影图像边缘

（1）新建图层，命名为"圆形"，选择"椭圆选框工具"，单击属性栏中的"新选区"按钮，"样式"选择"固定大小"，设置宽度为 50 像素、高度为 50 像素，绘制一个正圆，并将它移到合适位置，如图 2-1-12 所示。设置前景色为"240f00"，按 Alt＋Delete 组合键在"圆形"图层上填充前景色，按 Ctrl＋D 组合键取消选区，如图 2-1-13 所示。

图　2-1-12

图　2-1-13

（2）选择移动工具，在"圆形"图层上，按住 Shift＋Alt 组合键的同时拖动正圆，如

图 2-1-14 所示,依次将正圆复制 9 个,如图 2-1-15 所示。

图　2-1-14　　　　　　　　　　　　图　2-1-15

（3）选中"图形"图层至"图形 拷贝 8"图层,如图 2-1-16 所示,选择菜单栏中的"图层"→"合并图层"命令,将其合并为一个图层,重名为"圆边 1",如图 2-1-17 所示。

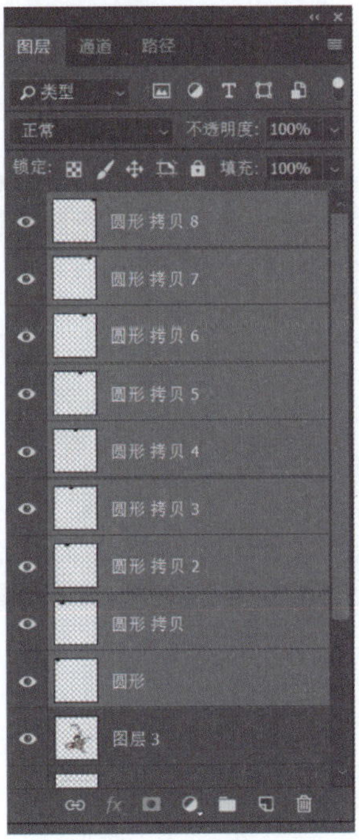

图　2-1-16 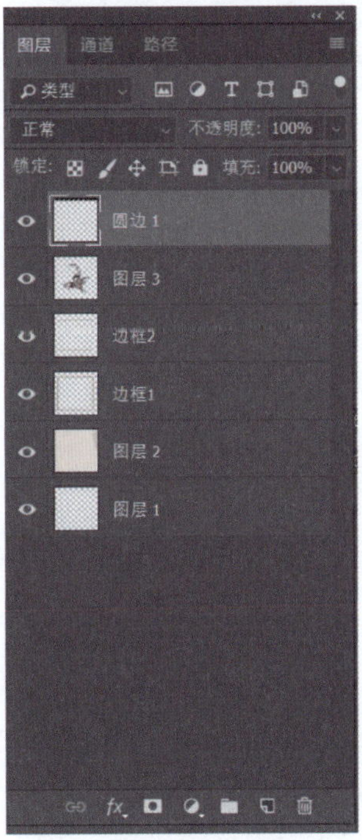　　　　　　　　　　　　图　2-1-17

（4）将"圆边 1"图层依次复制 3 个,分别为"圆边 2""圆边 3""圆边 4",如图 2-1-18 所示。单击"圆边 2"图层,选择菜单栏中的"编辑"→"变换"→"逆时针旋转 90 度"命令,使图像自动旋转,并将其移动合适位置,如图 2-1-19 所示。单击"圆边 3"图层,选择菜单栏中的"编辑"→"变换"→"顺时针旋转 90 度"命令,使图像自动旋转,并将其移到合适位置,如图 2-1-20 所示。单击"圆边 4"图层,选择菜单栏中的"编辑"→"变换"→"垂直翻转"命令,使图像自动旋转,并将其移到合适位置,最终效果如图 2-1-21 所示。

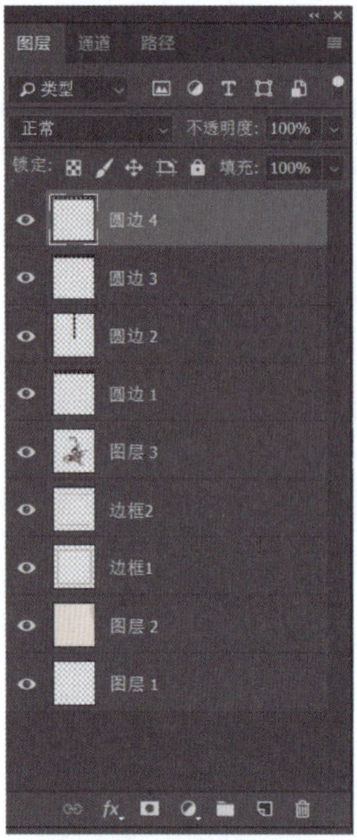

图　2-1-18

图　2-1-19

图　2-1-20

图　2-1-21

四、移动保存文件

（1）按 Ctrl＋Shift＋Alt＋E 组合键盖印生成一个新的合并图层，隐藏其他所有图层，在新的合并图层上使用"魔术橡皮擦"工具，属性如图 2-1-22 所示，依次单击"皮影图像边缘"进行擦除，效果如图 2-1-23 所示。

图　2-1-22

（2）使用"移动工具"将皮影图片移动至"皮影画框"文件中，按住 Ctrl＋T 组合键，调整其大小、方向及位置，按 Enter 键确定，效果如图 2-1-24 所示。

图 2-1-23   图 2-1-24

（3）选择菜单栏中的"文件"→"存储"命令，设置文件存储为 PSD 格式，选择合适的存储位置，单击"保存"按钮，如图 2-1-25 所示。

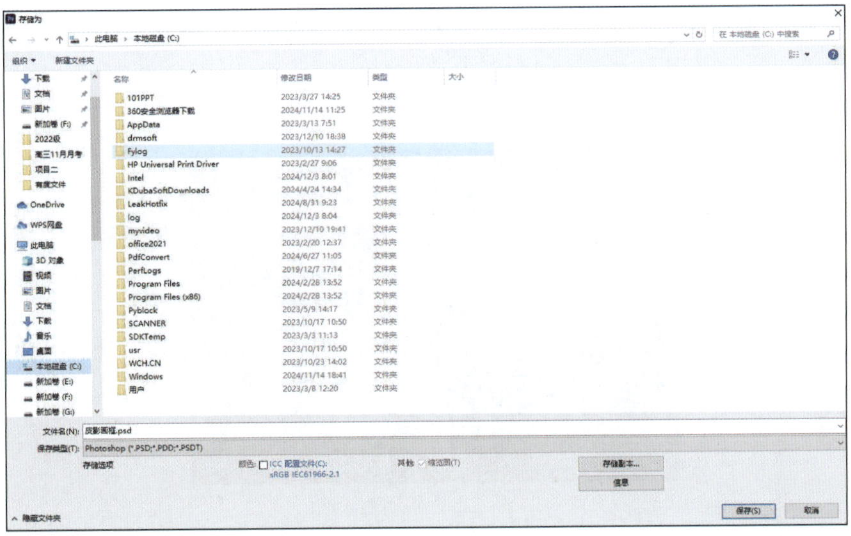

图 2-1-25

【知识链接】

一、图像的移动与变换

"移动工具"位于工具栏中的第一个，如图 2-1-26 所示，选择"移动工具"后，选项栏如图 2-1-27 所示。

图 2-1-26

图 2-1-27

1."自动选择"复选框

（1）未选中该复选框：移动图像时，只能移动当前图层中的内容。

（2）选中该复选框且在其后的列表框中选择"图层"：在图像中单击后，会自动选择鼠标指针落点处第一个有可见像素的图层，并对其进行操作。

（3）选中该复选框且在其后的列表框中选择"组"：在图像中单击鼠标时，通过自动选择图层组中某一个图层中的像素来自动选择图层组，并对其进行操作。

2．"显示变换控件"复选框

选中该复选框后，除背景图层外，其他图层中选区内的对象或当前图层中的对象周围就会出现一个有 8 个控点的"变换控件"框。

3．利用"移动工具"

可对选区内的对象或当前图层中的对象进行移动、复制、变换等操作。

二、前景色与背景色设置

在 Photoshop 工具箱中用于设置前景色与背景色的图标如图 2-1-28 所示，可分别使用"拾色器"对话框、"颜色"面板、"色板"面板或"吸管工具"进行设置。

默认前景色和背景色 —— 切换前景色和背景色
设置前景色
—— 设置前景色

图　2-1-28

1．"拾色器"对话框

在工具箱中单击"设置前景色"或"设置背景色"图标，可弹出"拾色器"对话框，如图 2-1-29 所示。

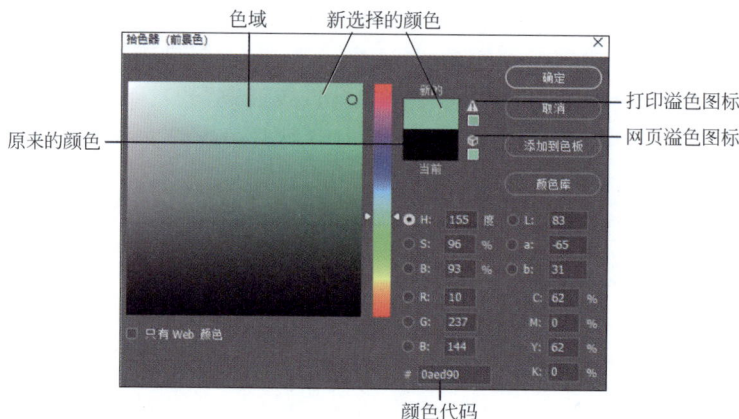

色域　新选择的颜色
原来的颜色
打印溢色图标
网页溢色图标
颜色代码

图　2-1-29

"拾色器"对话框使用方法如下。

（1）粗略选择颜色：直接在色域中单击。

（2）精确选择颜色：①在需要的颜色模式中输入通道和数值；②在"颜色代码"框中输入六位所选颜色的十六进制编码。

（3）打印溢色图标：若新选择的颜色超出可打印的颜色范围，则会出现"打印溢色图标"，单击其下面的"最接近的可打印色图标"即可将其设置为新选择的颜色。

（4）网页溢色图标：若新选择的颜色超出网页可显示的颜色范围，则会出现网页溢色图标，单击其下面的"最接近的网页可使用色图标"，即可将其设置为新选择的颜色。

2．"颜色"面板

在面板区域，单击"颜色"面板标签可展开"颜色"面板，如图 2-1-30 所示。

3．"色板"面板

在面板区域，单击"色板"面板标签可展开"色板"面板，如图 2-1-31 所示。

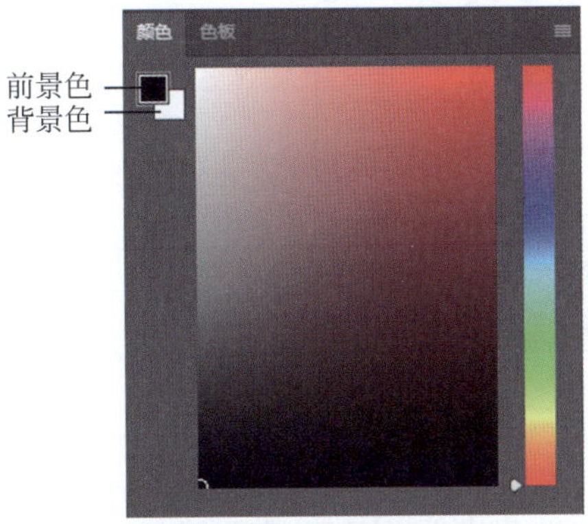
颜色
色板
前景色
背景色

图　2-1-30

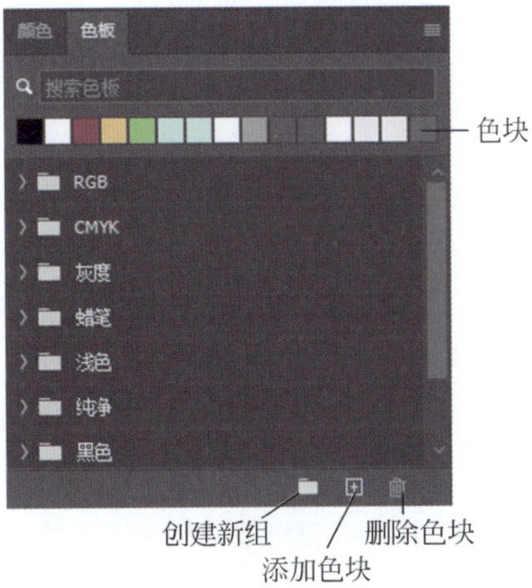
颜色
色板
搜索色板
色块
RGB
CMYK
灰度
蜡笔
浅色
纯净
黑色
创建新组
删除色块
添加色块

图　2-1-31

4．“吸管工具”

打开要取样的颜色图像，选择工具箱中的“吸管工具”，如图 2-1-32 所示。

吸管工具
3D 材质吸管工具
颜色取样器工具
标尺工具
注释工具
123 计数工具

图　2-1-32

三、规则选区工具组

在 Photoshop CC 中，规则选框工具有“矩形选框工具”“椭圆选框工具”“单行选框工具”和“单列选框工具”4 种，如图 2-1-33 所示。

1．矩形选框工具

选择“矩形选框工具”后，鼠标指针变为十字状，在图像窗口中拖曳鼠标，便可创建一个矩形选区，如图 2-1-34 所示。

图 2-1-33 　　　　　　　　　　图 2-1-34

选择"矩形选框工具"后,选项栏如图 2-1-35 所示。该选项栏内各参数的作用如下。

图　2-1-35

（1）选区有以下 4 种创建方式。

- "新选区" ：单击此按钮,在图像中创建选区时,新创建的选区将取代原有的选区。
- "添加到选区" ：在图像中创建选区时,新创建的选区与原有的选区将合并为一个新的选区。
- "从选区中减去" ：在图像中创建选区时,将在原有选区的基础上减去新创建的选区部分,得到一个新的选区;若新创建的选区与原选区无重叠区域,则原有选区不变。
- "选区交叉" ：在图像中创建选区时,将只保留原有选区与新创建的选区相重叠的部分,形成一个新的选区。

（2）"羽化"：羽化值决定选区边缘的柔化程度。

（3）选区创建的样式：有以下 3 种。

- 选择"正常",可创建任意大小的矩形选区。
- 选择"固定比例",其右侧的"宽度"和"高度"数值框将被激活,在其中输入数值,可设置矩形选区的长宽比,以绘制出大小不同但长宽比一定的矩形选区。
- 选择"固定大小",其右侧的"宽度"和"高度"数值框将被激活,在其中输入数值后,在图像窗口中单击,即可创建大小一定的矩形选区。

2. 椭圆选框工具

使用方法与"矩形选框工具"相同,但选项栏多了"消除锯齿"复选框,如图 2-1-36 所示。

图　2-1-36

3. 单行选框工具和单列选框工具

选择"单行选框工具"和"单列选框工具"后,选项栏如图 2-1-37 所示。

利用"单行选框工具"和"单列选框工具",可以在图像上创建出一个像素宽的横线选区和竖线选区。

图　2-1-37

任务二　制作"皮影照片墙"

【任务描述】

皮影照片墙是将中国传统皮影艺术与现代家居装饰理念完美融合的体现,承载着丰富的传统文化内涵。皮影戏作为中国古代民间艺术瑰宝,以独特的表演形式和精湛的制作工艺,深受人们喜爱。皮影照片墙则是将皮影人物形象或皮影戏的经典场景,通过现代摄影技术和艺术化处理,呈现于墙面之上,它既是一种装饰,也是一种文化的传承,体现了中国传统文化的深厚底蕴。

任务素材

本任务是制作皮影照片墙,通过该任务,引导学生掌握填充图像、文字工具组及不规则选框工具的使用方法和基本操作。

【任务实施】

一、新建文件及背景

(1) 新建文件,命名为"皮影照片墙",设置大小为 1340×755 像素,分辨率为 300 像素/英寸,颜色模式为 RGB,背景为白色,单击"创建"按钮,如图 2-2-1 所示。

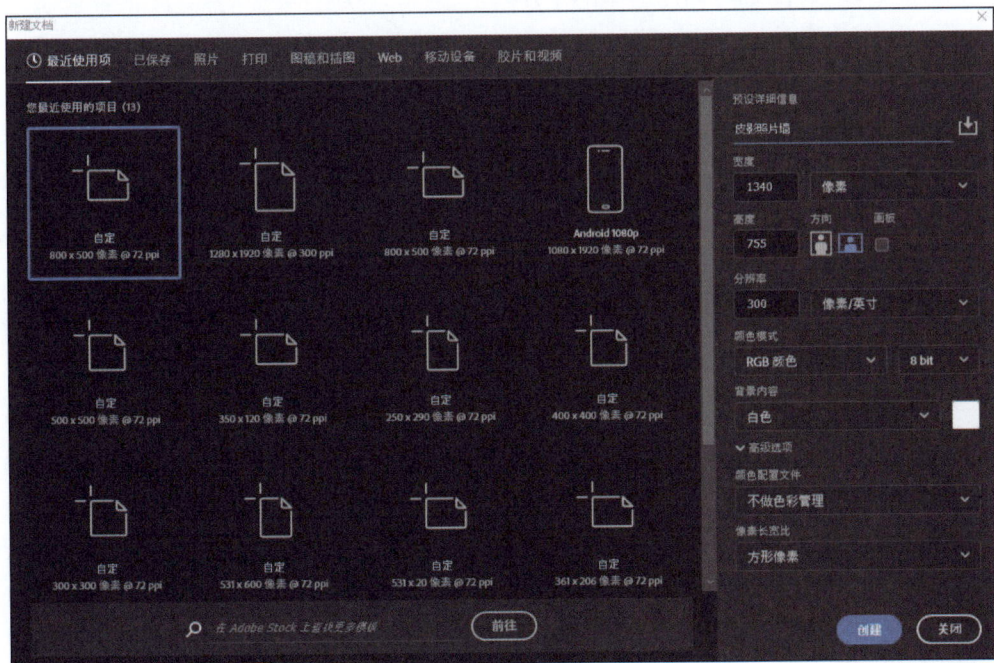

图　2-2-1

（2）打开素材"背景"，选择"移动工具"将其拖入"皮影照片墙"文件中，自动生成"图层 1"，按住 Ctrl＋T 组合键，调整其大小及位置，按 Enter 键确定，效果如图 2-2-2 所示。

图　2-2-2

二、绘制皮影照片墙标题

（1）新建图层，命名为"渐变"。选择渐变图层，利用"矩形选框工具"绘制一个宽 1340 像素、高 210 像素的矩形选框，如图 2-2-3 所示。

图　2-2-3

（2）选择"渐变工具"，单击属性栏中的"点按可编辑渐变"选项 ▭，打开"渐变编辑器"对话框，如图 2-2-4 所示。单击"点按可添加色标" ▭，在合适的位置上、下各添加两个色标，并设置渐变颜色从左至右分别为 ＃ffffff、＃a9a9a9、＃a9a9a9、＃fdfdfd，不透明度分别为 30％、80％、80％、30％，单击"确定"按钮，如图 2-2-5 所示。然后，选择"渐变工具"选项栏中的"线性渐变"选项。

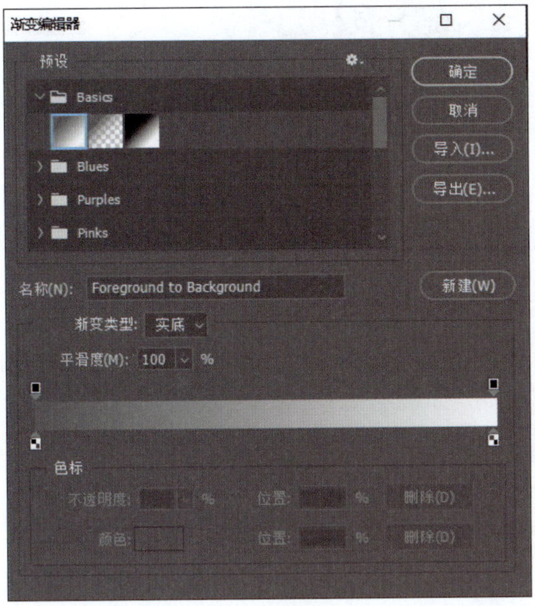

图 2-2-4

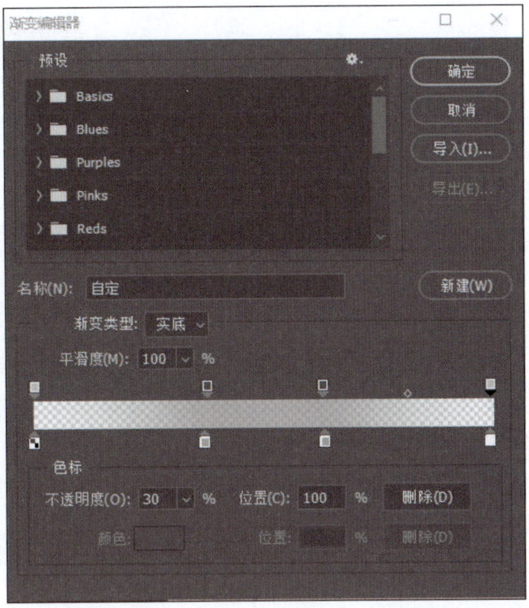

图 2-2-5

（3）利用"渐变工具"在选区内由左到右拖曳鼠标，填充渐变色，按住 Ctrl＋D 组合键取消选区，效果如图 2-2-6 所示。

图 2-2-6

（4）打开素材"皮影戏"，选择"磁性套索工具"，属性栏参数设置如图 2-2-7 所示。在图像中单击鼠标确定起始点，然后将光标沿着文字边缘移动，直至回到起点双击鼠标形成封闭的选区，如图 2-2-8 所示，按照此方法，依次将皮、影、戏三个字创建出选区。然后，选择"移动工具"，将选区内的文字拖入"皮影照片墙"文件中，自动生成新图层，将其重命名为"皮影戏"，按住 Ctrl＋T 组合键，调整其大小及位置，按 Enter 键确定，效果如图 2-2-9 所示。

图 2-2-7

图 2-2-8   图 2-2-9

（5）打开素材"传承经典"，选择"快速选择工具"，属性栏参数设置如图 2-2-10 所示。在图像中选择需要的红色区域拖曳鼠标可形成选区，如图 2-2-11 所示。然后选择"移动工具"，将选区内的图像拖入"皮影照片墙"文件中，自动生成新图层 3，将其重命名为"传承经典"，按住 Ctrl＋T 组合键，调整其大小及位置，按 Enter 键确定，效果如图 2-2-12 所示。

图 2-2-10

（6）打开素材"云纹图案"，选择"移动工具"，将图像拖入"皮影照片墙"文件中，自动生成新图层，将其重命名为"云纹线条"，如图 2-2-13 所示。按住 Ctrl＋T 组合键，调整其大小及位置，按 Enter 键确定，效果如图 2-2-14 所示。

图 2-2-11    图 2-2-12

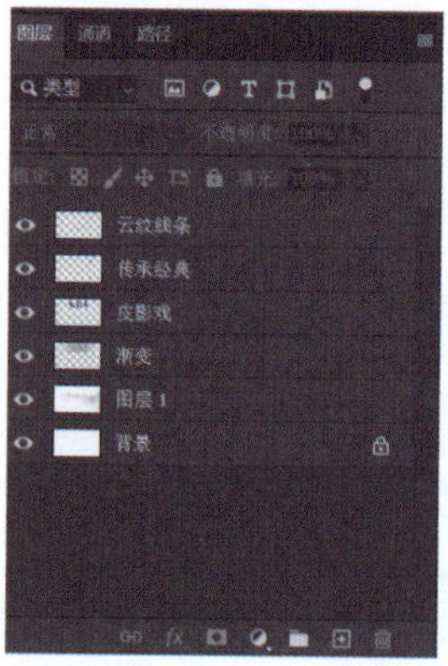

图 2-2-13    图 2-2-14

三、制作皮影照片墙艺术照片

（1）打开素材"绳子"，选择"移动工具"，将图像拖入"皮影照片墙"文件中，自动生成新图层，将其重命名为"绳子"，按住 Ctrl＋T 组合键，调整其大小及位置，按 Enter 键确定，效果如图 2-2-15 所示。

图　2-2-15

（2）打开素材"相框"，选择"移动工具"，将图像拖入"皮影照片墙"文件中，自动生成新图层，将其重命名为"相框 1"，按住 Ctrl＋T 组合键，调整其大小、方向及位置，按 Enter 键确定，效果如图 2-2-16 所示。按照此方法，再制作两个相框，效果如图 2-2-17 所示。

图　2-2-16

图　2-2-17

（3）打开素材"冀南皮影"，选择"魔棒工具"，属性栏参数设置如图 2-2-18 所示。在白色背景上单击可形成选区，选择菜单栏中的"选择"→"反选"命令，效果如图 2-2-19 所示。然后选择"移动工具"，将选区内的图像拖入"皮影照片墙"文件中，自动生成新图层，将其重命名为"冀南皮影"，按住 Ctrl＋T 组合键，调整其大小、方向及位置，按 Enter 键确定，效果如图 2-2-20 所示。按照此方法，将陕北皮影、唐山皮影图像依次放到"皮影照片墙"文件中，效果如图 2-2-21 所示。

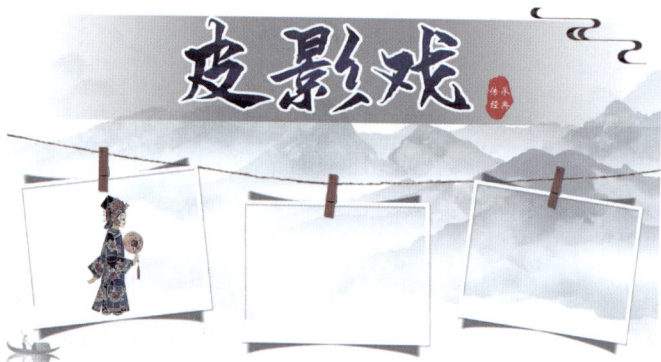

图　2-2-18

图　2-2-19

图　2-2-20

图　2-2-21

（4）打开素材"题目栏"，选择"移动工具"，将图像拖入"皮影照片墙"文件中，自动生成新图层，将其重命名为"题目栏 1"，按住 Ctrl＋T 组合键，调整其大小、方向及位置，按 Enter 键确定，效果如图 2-2-22 所示。然后选择"直排文字工具"，选项栏如图 2-2-23 所示，输入颜色为"♯240f00"的文字"冀南皮影"，按 Enter 键确定，效果如图 2-2-24 所示。按照此方法，再制作"陕北皮影"和"唐山皮影"两个标题，最终效果如图 2-2-25 所示。

图　2-2-22

图　2-2-23

图　2-2-24

图　2-2-25

四、保存文件

选择菜单栏中的"文件"→"存储"命令,设置文件存储为 PSD 格式,选择合适的存储位置,单击"保存"按钮,如图 2-1-26 所示。

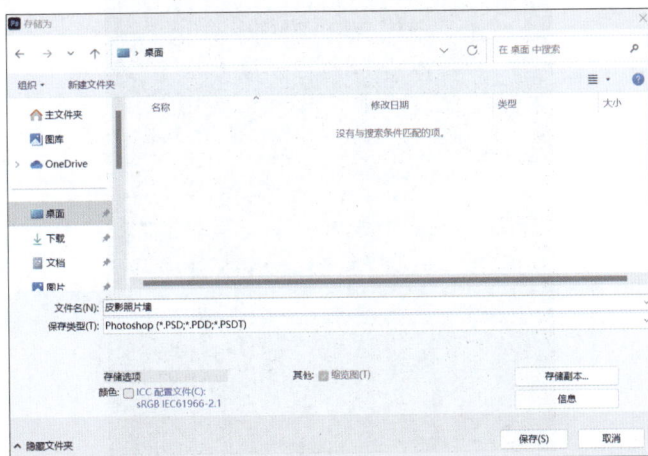

图　2-2-26

【知识链接】

一、填充图像

对选区或图层进行填充时,可以使用填充工具组中的工具,也可以使用菜单命令或快捷键。填充工具组包括"渐变工具""油漆桶工具"和"3D 材质拖放工具",如图 2-2-27 所示。

图 2-2-27

1. 油漆桶工具

作用:可以为选区或当前图层中颜色相近的区域填充前景色或图案。"油漆桶工具"选项栏如图 2-2-28 所示。

图 2-2-28

(1)"填充区域的源"选项:该下拉列表中有"前景"和"图案"两个选项。若选择"前景",则用前景色进行填充;若选择"图案",则其右边的"图案列表"列表框即被激活,可在其中选择一种图案进行填充。

(2)"模式"选项:用于设置填充色与图像原有底色的混合模式。

(3)"不透明度"选项:可设置填充色的不透明度,数值越大,新填充的颜色或图案越不透明。

2. 渐变工具

使用"渐变工具"可以为选区或当前图层填充基于两种或两种以上颜色之间相互过渡的渐变色,从而使图像产生色彩渐变的效果。渐变工具选项栏如图 2-2-29 所示。

图 2-2-29

(1)渐变条:单击"渐变条"的下三角按钮,可以打开"渐变拾色器"对话框。单击"渐变条",可以打开"渐变编辑器"对话框,如图 2-2-30 所示。

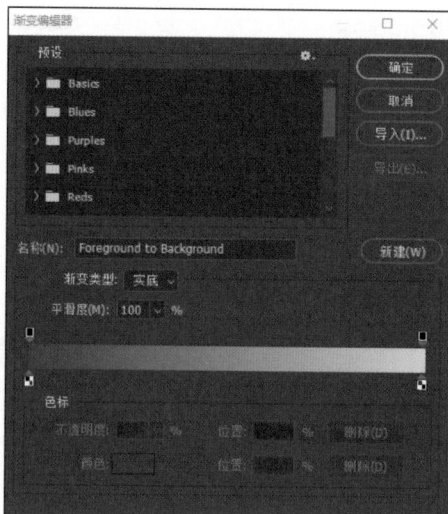

图 2-2-30

（2）渐变填充方式：可以选择 5 种渐变类型 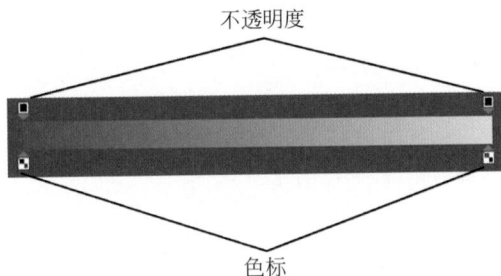，包括"线性渐变""径向渐变""角度渐变""对称渐变"和"菱形渐变"。

（3）"反向"复选框：选中该复选框，可以将填充的渐变色顺序反转。

（4）"仿色"复选框：选中该复选框，可以使填充的渐变色色彩过渡更加柔和平滑，以防出现色带。

（5）"透明区域"复选框：选中该复选框后，在填充有透明设置的渐变样式时，会呈现透明效果，否则，该类渐变样式中的透明设置将不起作用。

（6）自定义渐变样式：单击"点按可编辑渐变"按钮（彩条），即可弹出"渐变编辑器"对话框，如图 2-2-31 所示。

3．3D 材质拖放工具

使用"3D 材质拖放工具"可以为创建的立体图形及立体文字的不同面进行材质的填充。可以单击选项栏最右侧的工具栏菜单按钮，在打开的菜单中选择"基本功能"命令，如图 2-2-32 所示，返回填充工具组的初始状态。

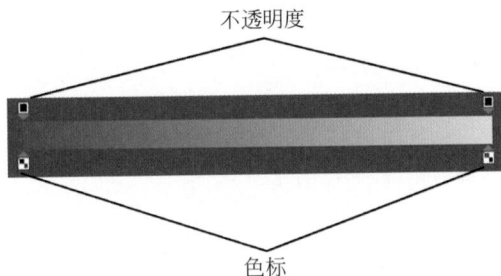

图　2-2-31　　　　　　　　　　图　2-2-32

4．菜单命令

使用菜单栏中的"编辑"→"填充"命令，也可对选区或当前图层进行填充。选择该命令后，可弹出"填充"对话框，如图 2-2-33 所示，进行设置后，单击"确定"按钮。

5．定义图案

打开一幅图像，用矩形选框工具做选区，选择"编辑"→"定义图案"命令，在弹出的对话框中输入图案的名称，如图 2-2-34 所示，单击"确定"按钮即可。

图　2-2-33　　　　　　　　　　图　2-2-34

二、不规则选区工具组

1．创建不规则形状选区的工具

创建不规则形状选区的工具如表 2-2-1 所示。

表 2-2-1　创建不规则形状选区的工具

组名	工具名称	使用方法	特点
套索工具组	套索工具	按住鼠标左键沿着要选定的图像边缘拖曳鼠标，当回到起点时，释放鼠标，即创建一个不规则的选区	精度差，对选区边缘要求不高时可使用
	多边形套索工具	在图像中单击鼠标确定起点，然后沿着要选择的图像边缘移动鼠标，每到一个要改变方向的位置都需要单击，回到起点后，鼠标指针右下角出现一个小圆圈，此时单击，即可创建一个多边形选区	最适合选择不规则直边对象
	磁性套索工具	在要选择图像边缘的任意位置单击确定起点，然后沿着要选择的图像边缘移动鼠标指针，鼠标指针经过的地方会自动产生很多定位节点，若选择的位置出现偏差，可随时按 Delete 键删除上一个节点，在色彩对比不大的位置也可通过连续单击的办法来选中边界，鼠标指针回到起点时，其右下角会出现一个小圆圈，此时单击，即可创建一个最贴近选取对象的选区	主要适用于选择颜色边界分明的图像
魔棒工具组	对象选择工具	选择该工具后，在选项栏中选择"矩形"或"套索"模式，将鼠标指针悬停在图像中想要选择的对象上并单击，可自动选择该对象	可快速查找并选择对象。在图像中包含多个对象时，要选择其中一个或某一部分时使用
	快速选择工具	在图像窗口中拖曳鼠标可将鼠标指针经过的区域创建为选区	可根据画笔大小来调整选区范围
	魔棒工具	为颜色相同或相近的像素创建选区，可通过"容差"来调整选区范围	在图像中某个颜色像素上单击，则与鼠标指针落点处颜色相近的区域将一次被选中

2．不规则选区工具的选项

（1）磁性套索工具。

"磁性套索工具"选项栏如图 2-2-35 所示。

图　2-2-35

①"宽度"文本框：用于设置"磁性套索工具"自动探测图像边界的宽度范围。

②"对比度"文本框：用于设置"磁性套索工具"探测图像边界的敏感度。

③"频率"文本框：用于设置"磁性套索工具"在创建选区时自动插入节点的速率。

（2）对象选择工具。

"对象选择工具"选项栏如图 2-2-36 所示。

图 2-2-36

① "对象查找程序"复选框：选中该复选框，可启动对象的查找程序，在图像中单击即可自动选择对象，默认情况下，该复选框处于选中状态。

② "模式"下拉列表框：该下拉列表框包括"矩形"和"套索"两个选项，如果不使用自动选择功能，可选择其中一种模式来绘制选区。

③ "对所有图层取样"复选框：选中该复选框后，创建选区时会将所有可见图层都考虑在内；否则，只在当前图层中进行选择。

④ "选择主体"按钮：激活该按钮后，可自动选择图像中突出的主体。

（3）快速选择工具。

"快速选择工具"选项栏如图 2-2-37 所示。

图 2-2-37

① 选区创建模式："快速选择工具"设定了三种选区创建模式，即新选区、添加到选区和从选区减去。

② "对所有图层取样"复选框：选中该复选框后，创建选区时会将所有可见图层都考虑在内；否则，只在当前图层中进行选择。

③ "自动增强"复选框：选中该复选框后，会减少选区边缘的粗糙度和块效应。

（4）魔棒工具

"魔棒工具"选项栏如图 2-2-38 所示。

图 2-2-38

① "容差"文本框：用于设置取样时的色范围，其取值范围为 0~255。该数值越大，一次所选取的相近的颜色范围越广。

② "连续"复选框：选中该复选框后，选取范围只能是颜色相近的连续区域，即一次只建一个选区；若不选中该复选框，选取范围是整幅图像中所有颜色相近的区域，即一次可创建多个选区。

三、选区的基本操作

在"选择"菜单下包含以下命令。

（1）"色彩范围"命令："色彩范围"命令可根据图像中的某一种颜色区域，用吸管工具在图像中选择区域，进行创建选区。

（2）"选择并遮住"命令（Ctrl+Alt+R）：在选区工具的选项栏中，有此按钮。单击该按钮后，可打开选择并遮住对话框，该对话框中可设置的项目包括透明度、平滑、羽化移动边缘等项，如图 2-2-39 所示。

图　2-2-39

1．调整选区的大小、形状、方向及位置

（1）扩大选取：选择该命令，图像上与当前选区位置相连且颜色相近的区域将被扩充到选区中。

（2）选取相似：选择该命令，图像上与当前选区颜色相近、位置相连或是不相连的区域都被扩充到选区中。

（3）"变换选区"：可以对当前选区的大小、方向、位置及形状进行任意调整，而不会对选区内的图像进行变换，快捷键为 Ctrl＋Alt＋T。

（4）"修改"：包含"边界""平滑""扩展""收缩""羽化"5 个子命令。

2．选区的存储与载入

（1）"存储选区"：可将当前选区存储在"通道"中，需要时载入使用。

（2）"载入选区"：当需要打开储存的选区再次应用时，需要执行"选择"→"载入选区"菜单命令，在打开的"载入选区"对话框中选择储存的选区名称，单击"确认"按钮载入选区。

四、文字工具组

文字工具组包含 4 个工具，如图 2-2-40 所示，分别是"横排文字工具""直排文字工具""直排文字蒙版工具""横排文字蒙版工具"，其中前两个工具分别用来在图像中创建横排或竖排的文字，后两个工具分别用来创建横排或竖排的文字选区。

图　2-2-40

文字的输入方法主要有两种：直接输入文字和输入段落文字。

（1）直接输入文字。

创建文字：选中文字工具后，在图像上单击，再输入文字，输入完成后单击选项栏右侧的"提交当前编辑"按钮。

选择文字：文字的选择有多种方法，常用方法是双击文字图层上的前面图标进行选择或者通过在文字上拖动光标进行选择。

（2）输入段落文字。

选择文字工具，设置文字各项属性。在图像窗口中拖动出一个矩形框，在矩形框中输入文字。输入过程中，文字会根据矩形框的宽度自动换行。

任务三　制作"皮影书签"

【任务描述】

皮影书签是将中国传统皮影艺术与现代生活美学巧妙结合的产物，蕴含着深厚的文化底蕴。通过精致的雕刻技艺，将皮影人物的生动形态定格于书签之上，每一枚书签都如同一幅微缩的皮影画作，既保留了皮影艺术的精髓，又增添了书卷气息，使阅读成为一种更具文化韵味的体验。皮影书签不仅是书籍的点缀，更是传统文化的传承者。

任务素材

本任务是制作皮影书签，通过该任务，引导学生掌握创建图层、复制图层、删除图层、调整链接图层及图层的转换、合并等基本操作。

【任务实施】

一、制作书签背景样式

（1）打开素材"背景"和"书签背景"，在"书签背景"文件中选择"移动工具"，将其拖入"背景"文件中，自动生成"图层 1"，将其重命名为"书签背景"。按住 Ctrl＋T 组合键，调整其大小及位置，按 Enter 键确定，效果如图 2-3-1 所示。

（2）选择"书签背景"图层，单击菜单栏中的"编辑"→"描边"命令，打开"描边"对话框，设置描边宽度"8 像素"、颜色"#fafafa"、位置"居外"，如图 2-3-2 所示，单击"确定"按钮，即可实现如图 2-3-3 所示效果。

图　2-3-1

图　2-3-2

图　2-3-3

（3）将"书签背景"图层四次拖动到"创建新图层"按钮上，复制四个图层，如图 2-3-4 所示。将第一个或最后一个"书签背景"图层的图像水平移到右边，如图 2-3-5 所示。

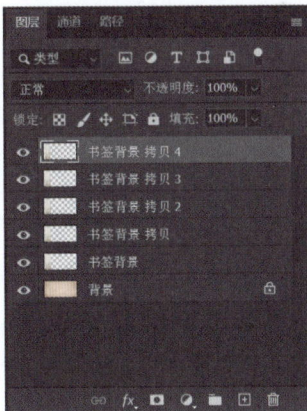

图　2-3-4

图　2-3-5

（4）在图层面板中选择需要对齐的图层，如图 2-3-6 所示。在"移动工具"属性栏中选择

"底对齐"对齐方式和"水平分布"对齐方式，得到如图 2-3-7 所示的图像效果。按 Ctrl＋E 组合键合并"书签背景"这五个图层，如图 2-3-8 所示。

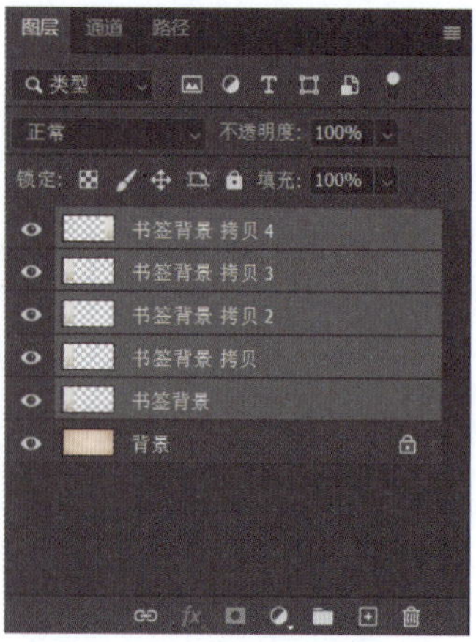

图　2-3-6

图　2-3-7

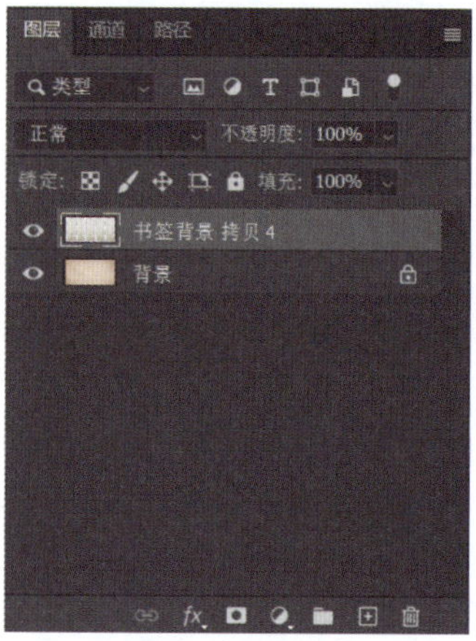

图　2-3-8

二、制作书签文字部分

（1）打开素材"皮影戏艺术"和"标题框"，选择"移动工具"，将其分别拖入"背景"文件中，自动生成"图层 1"和"图层 2"，分别重命名为"文字"和"标题框"。按住 Ctrl＋T 组合键，分别调整其大小及位置，按 Enter 键确定，效果如图 2-3-9 所示。

（2）选择"直排文字工具"，设置字体为"思源宋体 Heavy"、字号为"5.08 点"、文字颜色为"＃8c623f"，输入文字"皮影戏起源"并调整至合适位置，效果如图 2-3-10 所示。

（3）再选择"直排文字工具"，设置字体为"方正舒体"、字号为"2.96 点"、文字颜色为"＃504949"，输入"皮影戏起源介绍"文字，调整文字段落长短并放至合适位置，效果如图 2-3-11 所示。

图　2-3-9

（4）打开素材"文化"，选择"魔棒工具"，属性栏参数设置如图 2-3-12 所示。在黄色背景上单击可形成选区，选择菜单栏中的"选择"→"反选"命令，效果如图 2-3-13 所示。

图　2-3-10

图　2-3-11

图　2-3-12

（5）选择"移动工具"，将其拖入"背景"文件中，自动生成"图层 1"，将其重命名为"文化"。按住 Ctrl＋T 组合键，调整其大小及位置，按 Enter 键确定，效果如图 2-3-14 所示。

图　2-3-13

图　2-3-14

（6）选择需要链接的图层，如图 2-3-15 所示，单击图层面板底部的"链接图层"按钮 GD，得到如图 2-3-16 所示的效果。

（7）按住 Shift＋Alt 组合键，选择"移动工具"，将链接图层四次拖到对应的位置上，效果如图 2-3-17 所示。分别更改四组链接图层的文字，最终效果如图 2-3-18 所示。

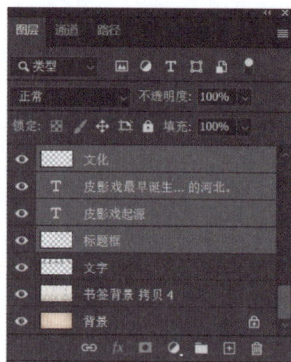

图　2-3-15

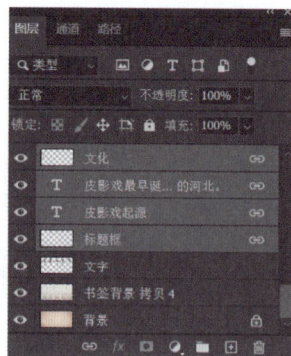

图　2-3-16

图　2-3-17

图　2-3-18

三、制作书签图像部分

（1）打开素材"皮影 1""皮影 2""皮影 3""皮影 4"和"皮影 5"，选择"移动工具"，将其分别拖入"背景"文件中，自动生成"图层 1""图层 2""图层 3""图层 4"和"图层 5"，分别重命名为"皮影 1""皮影 2""皮影 3""皮影 4"和"皮影 5"，按住 Ctrl＋T 组合键，分别调整其大小及位置，按 Enter 键确定，效果如图 2-3-19 所示。

（2）打开素材"书签底部"，选择"魔棒工具"，属性栏参数设置如图 2-3-20 所示。在黄色背景上单击可形成选区，选择菜单栏中的"选择"→"反选"命令，效果如图 2-3-21 所示。

（3）选择"移动工具"，将其拖入"背景"文件中，自动生成"图层 1"，重命名为"书签背景"。按住 Ctrl＋T 组合键，分别调整其大小及位置，按 Enter 键确定，效果如图 2-3-22 所示。

（4）按住 Shift＋Alt 组合键，选择"移动工具"，将"书签背景"图层四次拖到对应的位置上，最终效果如图 2-3-23 所示。

图 2-3-19

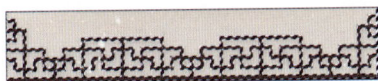

图 2-3-20

图 2-3-21

图 2-3-22

图 2-3-23

（5）在图层面板中选择需要合并的图层，如图 2-3-24 所示。按 Ctrl＋E 组合键合并"书签底部"这五个图层，如图 2-3-25 所示。

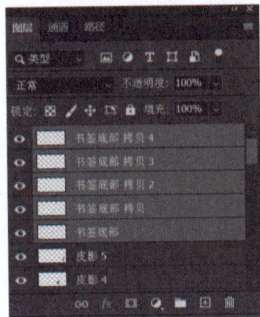

图 2-3-24

图 2-3-25

四、保存文件

选择菜单栏中的"文件"→"存储"命令，设置文件名为"皮影书签"，设置文件存储为 PSD 格式，选择合适的存储位置，单击"保存"按钮，如图 2-3-26 所示。

图　2-3-26

【知识链接】

一、图层面板

"图层"面板是管理图层的主要场所。"图层"面板各重要组成部分如图 2-3-27 所示。

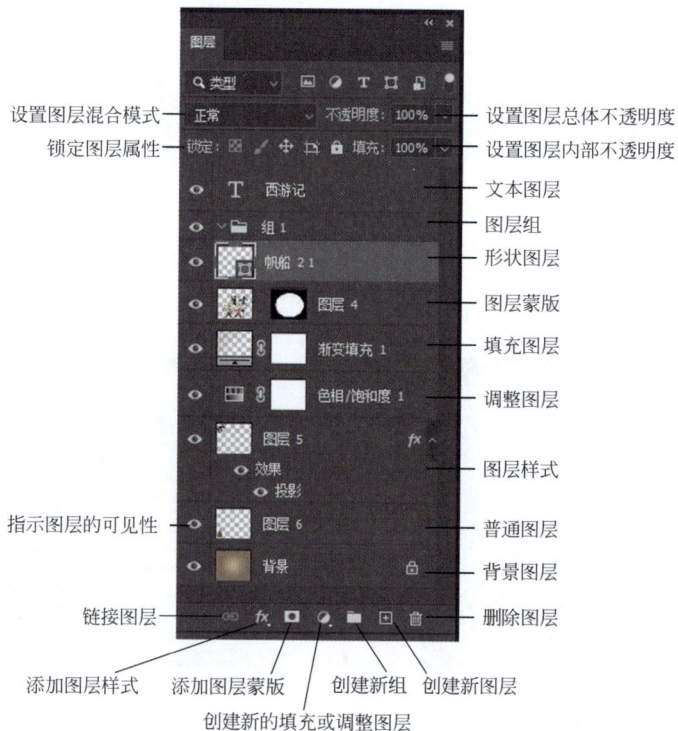

图　2-3-27

二、图层的类型

图层的类型如表 2-3-1 所示。

表 2-3-1 图层的类型

类　型	说　明	创建方法或特点
背景图层	是一种专门用作图像背景的特殊图层	特点：①不透明，不能自由变换，且只有一个位于最底层；②可以使用滤镜但不能设置图层混合模式、图层样式和蒙版；③只能以"背景"命名，不能重命名；④可与普通层相互转换
普通图层	是组成图像最基本的图层，新建的普通图层完全透明，可以显示下一层的内容	创建方法：①选择"图层"→"新建"→"图层"命令，弹出"新建图层"对话框，可以设置图层的名称、颜色模式及不透明度；②直接单击"图层"面板底部的"创建新图层"按钮，将在当前图层的上方按默认设置创建一个新图层
填充或调整图层	填充图层是一种使用纯色、渐变或图案来填充的图层。调整图层是一种只包含色彩和色调信息，而不包含任何图像的图层	创建方法：单击"图层"面板底部的"创建新的填充或调整图层"按钮，从弹出的菜单中选择相应命令创建
效果图层	效果图层是在原始图层的基础上，应用模糊、液化等滤镜特效来改变图像效果	特点：效果图层只包括一些图层的样式，而不包括任何图像的信息
形状图层	形状图层是使用工具箱中的形状工具创建图形后自动创建的一种图层	创建方法：使用形状工具创建后自动建立。特点：选择"图层"→"栅格化"→"形状"命令后，形状图层将被转换为普通图层
蒙版层	图层蒙版中颜色变化可以使所在图层中图像的相应位置产生透明效果	特点：图层中与蒙版的黑色部分对应的图像呈透明状态，与白色部分对应的图像呈不透明状态，与灰色部分相对应的图像根据其灰度呈现不同透明状态
文本图层	使用"文字工具"为图像添加文字时自动创建的一种图层，在对输入的文字进行变形后，文本图层将显示为变形文本图层	创建方法：在图层中使用文字工具输入文字后，即会自动创建一个文字图层，并显示相关的文字内容。特点：文本图层可以进行移动、堆叠、复制等操作，但不能直接执行滤镜。要进行"栅格化"操作，方法是：执行"图层"→"栅格化"→"文字"命令

三、图层的基本操作

1．复制图层（四种方法）

（1）执行"图层"→"复制图层"命令。

（2）将图层拖动到"图层面板"的"创建新图层"按钮上。

（3）按快捷键 Ctrl+J。

（4）在选择的图层上右击，选择"复制图层"。

2．删除图层（三种方法）

（1）将需要删除的图层拖动到"图层"面板的"删除"按钮上。

（2）选择要删除的图层，直接按 Delete 键，弹出是否要删除的对话框，单击"是"按钮。

（3）执行"图层"→"删除"→"图层"菜单命令，在打开的提示删除对话框中单击"是"按钮。

3．调整图层的排列顺序

调整图层的排列顺序如图 2-3-28 所示。

（1）在"图层"面板中上下拖动图层。

（2）在"图层"面板中选中要调整顺序的图层，选择"图层"→"排列"子菜单中的相应命令。

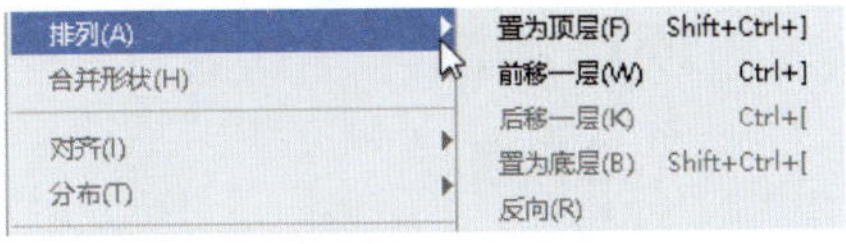

图　2-3-28

4. 图层的链接

(1) 图层的链接。

① 单击"链接图层"按钮：选取需要进行链接的图层，单击"图层"面板下方的"链接图层"按钮，此时所选的多个图层被链接。

② 使用快捷菜单命令：选取需要进行链接的图层，右击，在弹出的快捷菜单中选择"链接图层"命令，即可将这些图层进行链接。

③ 执行菜单命令：选取多个需要进行链接的图层，执行"图层"→"链接图层"菜单命令，即可将所选图层进行链接。

(2) 取消图层的链接。

① 选择要取消链接的图层，单击"图层"面板下方的"链接图层"按钮，即可取消链接。

② 单击面板右上方的面板菜单，选择"取消图层链接"选项，即可取消图层的链接。

(3) 图层的对齐：通过"图层"→"对齐"命令可以调整图层对齐。在打开的下拉列表中可以通过选择"顶边""垂直居中""底边""左边""水平居中"和"右边"6 种图层对齐方式。

(4) 图层的分布：选择链接成一组图层（3 个或 3 个以上）中的一个图层，选择菜单栏中的"图层"→"分布"下的子命令。

5. 将选区转化为图层

(1) 在图像中创建选区，选择菜单栏中的"图层"→"新建"→"通过拷贝的图层"命令或按 Ctrl+J 组合键，可以将选区的图像复制生成一个新图层。若没有选区，则复制当前图层。

(2) 在图像中创建选区，选择菜单栏中的"图层新建"→"通过剪切的图层"命令或按 Ctrl+Shift+J 组合键，可以将选区的图像剪切生成一个图层。若没有选区，则不做任何操作。

6. 背景图层与普通图层之间的转换

(1) 背景图层转换为普通图层。

选中背景图层，选择菜单栏中的"图层"→"新建背景图层"命令或直接双击"图层"面板中的背景图层，弹出"新建图层"对话框，设置后单击"确定"按钮。

(2) 普通图层转换为背景图层。

当图像中没有背景图层时，选中要转换为背景图层的普通图层，执行菜单栏中的"图层"→"新建"→"图层背景"命令。

7. 图层的合并

在"图层"菜单中有 3 个用于合并图层的命令，如图 2-3-29 所示。

(1) 向下合并：将当前图层与其下面的一个图层合并。

(2) 合并可见图层：将图像中所有可见的图层合并为一个图层，隐藏的图层不受影响。

图　2-3-29

(3) 拼合图像：将所有可见图层拼合为背景图层，所有分层信息将不被保存，将大大减小图像文件的大小。

项目测试

一、选择题

1. 在套索工具中不包含的套索类型是（　　　　）。

A. 自由套索工具　　　　　　　　　B. 多边形套索工具

C. 矩形套索工具　　　　　　　　　D. 磁性套索工具

2. 下列不可以在工具选项中使用选区运算的工具是(　　　)。

A. 矩形选择工具　　　　　　　　　B. 单行选择工具

C. 自由套索工具　　　　　　　　　D. 画笔工具

3. 下面是创建选区时常用的功能,不正确的是(　　　)。

A. 按住 Alt 键的同时单击工具箱中的"选择工具",就会切换不同的选择工具

B. 按住 Alt 键的同时拖拉鼠标可得到正方形的选区

C. 按住 Alt 和 Shift 键可以形成以鼠标落点为中心的正方形和正圆形的选区

D. 按住 Alt 键使选择区域以鼠标的落点为中心向四周扩散

4. 在 Photoshop 中没有的图层合并方式是(　　　)。

A. 向下合并　　　　　B. 合并可见层　　　　　C. 拼合图像　　　　　D. 合并链接图层

5. 在 Photoshop 中,下列不属于"图层"→"排列"的子命令的是(　　　)。

A. 置为顶层　　　　　B. 前移一层　　　　　C. 下移一层　　　　　D. 置为底层

二、简答题

1. 选区创建模式有哪几种? 它们的特点分别是什么?

2. 写出"图层"菜单中关于图层合并的三个命令,并说说有何不同。

三、案例分析题

皮影戏以其独特的艺术魅力,成为中华文化宝库中的瑰宝,2011 年被列入联合国教科文组织人类非物质文化遗产代表作名录。请将素材"皮影"图片(图 2-1)按要求完成下列操作,并写出操作步骤。

(1) 使用至少两种方法为图中的皮影部分做选区。

(2) 对所做选区进行扩展 2 像素。

图　2-1

(3) 对选区进行羽化。

四、综合应用题

根据所给素材 1.jpg(图 2-2),利用 Photoshop 将画布右侧扩大 2 厘米并制作出效果图(CMYK 模式,图 2-3)所示效果,请写出操作步骤。

图　2-2　　　　　　　　　　　　　　　　　　图　2-3

五、技能操作题

请根据所提供的素材(图 2-4)完成上机操作,对给定的素材进行操作后制作成效果图

（图 2-5）。要求：文件大小 600×800 像素，分辨率为 72PPI，保存文件名为"皮影变换"的 PSD 格式文件。

项目素材

（1）新建文件，设置文件大小 600×800 像素，分辨率为 72PPI，文件名为"皮影变换"，单击"确定"按钮。

（2）设置背景为如图所示的渐变色，渐变类型为径向渐变。

（3）打开素材，使用"魔棒"工具选中白色背景，反选，移动图像至"皮影变换"文件中。

（4）复制图层，按 Ctrl＋T 组合键，水平翻转，设置宽度 150％、高度 130％，移到合适位置，单击"确定"按钮。

（5）在合适位置输入文字"皮影"，字体：汉仪菱心体简，字号：120 点，颜色：♯8b3b01。

（6）复制图层，向下向右各移动 4 像素，设置不透明度为 27％。

（7）选择"文件"→"存储"命令，文件格式 PSD，单击"确定"按钮。

图　2-4　　　　　　　　　　　　　　　图　2-5

📝 项目评价

知 识 技 能	了　解	基 本 掌 握	熟 练 掌 握
选区的基本操作	☆☆☆	☆☆☆	☆☆☆
Photoshop常用工具的使用	☆☆☆	☆☆☆	☆☆☆
图层的基本操作	☆☆☆	☆☆☆	☆☆☆
综 合 素 养	自　评	互　评	
请从以下方面进行评价。 1.是否了解皮影，能否准确表达传统文化的精髓和魅力。 2.任务作品的完成度与完整性。 3.操作过程中是否有良好的工作习惯。			

图层的应用

知识目标

1. 掌握常用的图层混合模式及图层样式。
2. 理解蒙版的基本概念及分类。
3. 掌握图层蒙版的使用方法。

技能目标

1. 掌握常用图层混合模式的应用方法。
2. 掌握添加图层样式的功能。
3. 掌握图层蒙版、矢量蒙版、剪贴蒙版的应用方法。
4. 理解蒙版的工作原理。
5. 灵活应用各类蒙版进行图像的编辑。

项目情境

图层的操作是 Photoshop 最核心的操作之一,前面我们学习了图层的基本操作,其实图层还有更深入的应用,这就是图层的混合模式、图层样式以及蒙版的相关知识。

图层的混合模式是指当前图层中的像素与下层的像素之间的混合方式,不同的混合方式可以创建出不同的特殊效果。图层样式是附加在某个图层上的效果,可以随时打开、关闭或者编辑。图层样式可以给图层增加各种特效,如投影、阴影、发光、描边、斜面和浮雕等。蒙版则是通过控制当前图层中不同区域的隐藏和显示方式,也就是在不破坏原图像的基础上,对图层应用各种特殊的效果。Photoshop 一共提供了三种蒙版:剪贴蒙版、矢量蒙版和图层蒙版。

本章以中国书画为案例,通过书画装饰图及中国扇的制作,让学生感受到中国书画的魅力,并在操作中学会图层的深层应用。

项目分解

本项目包含以下两个任务。

任务一　制作中国书画装饰图

任务二　制作《江山美人》中国扇

本项目将通过以上两个任务的制作,让大家熟悉 Photoshop 中常用图层混合模式的应用、图层样式的设置以及蒙版的相关操作。学生通过本章的学习,可以为图层的深度应用打下良好的理论基础。

任务一　制作中国书画装饰图

【任务描述】

"中国书画",顾名思义是由"中国书法"与"中国画"组成的,它们原来就是一本同源,"于书中见画,于画中见书",因此常常以不分彼此的共同形式出现。

本任务将书法与国画相结合,引导学生掌握图层混合模式应用并学会添加图层样式等操作。

任务素材

【任务实施】

一、新建文件

(1) 双击桌面图标,启动 Photoshop CC 2022。

(2) 在欢迎界面单击"新建"按钮,如图 3-1-1 所示,弹出"新建文件"窗口,在窗口中设置文件名为"书画装饰图",参数设置为:宽度 700 像素、高度 700 像素、分辨率 72 像素/英寸,单击"创建"按钮,新建文件,如图 3-1-2 所示。

图　3-1-1　　　　　　　　　　　　　　　　　　图　3-1-2

二、设置背景层

(1) 选中背景图层,单击"图层"面板下面的"创建新图层"按钮 ,如图 3-1-3 所示。

(2) 选择工具箱中的"矩形选框工具" ,在工具栏选项中设置样式为"固定大小",宽和高分别设置为 675 像素,然后在新建图层上单击,创建选区,并移动到合适位置,设置前景色为♯cecece,按快捷键 Alt+Delete,进行颜色填充,如图 3-1-4 所示。

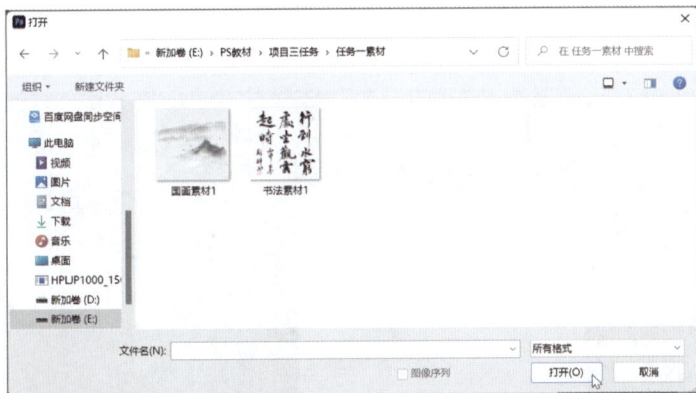

图 3-1-3   图 3-1-4

三、添加并处理国画素材

（1）选择"文件"→"打开"命令，在弹出的窗口中选择"项目三任务/任务一素材"，单击
"打开"按钮，如图 3-1-5 所示，在 Photoshop 中打开"国画素材 1"，如图 3-1-6 所示。

图   3-1-5

图   3-1-6

（2）选择"移动工具" ✛ ，按住鼠标左键，将"国画素材1"拖动至"书画装饰图.psd"文件中，按快捷键 Ctrl＋T 进行尺寸及位置调整，如图 3-1-7 所示。

图　3-1-7

（3）选择工具箱中的"椭圆选框工具" ◯ ，在工具栏选项中设置样式为"固定大小"，宽和高分别设置为 650 像素，然后在新建图层上单击，创建选区，并移动到合适位置，如图 3-1-8 所示。

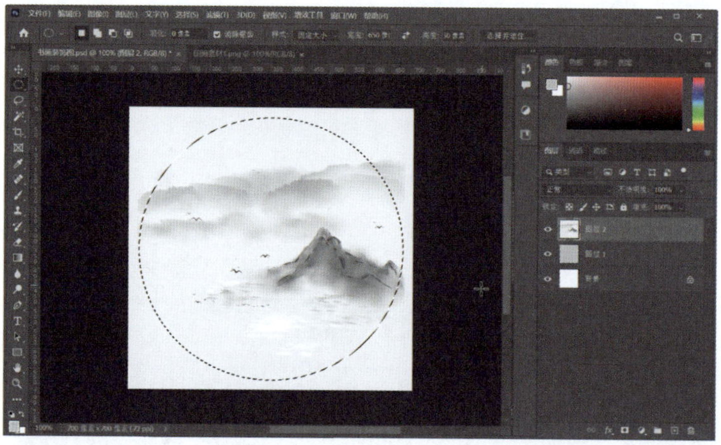

图　3-1-8

（4）按快捷键 Ctrl＋Shift＋I 进行反选，将国画图层椭圆选区外的部分删除，效果如图 3-1-9 所示。

四、添加并处理书法素材

（1）选择"文件"→"打开"命令，在弹出的窗口中选择"项目三任务/任务一素材"，单击"打开"按钮，如图 3-1-10 所示，在 Photoshop 中打开"书法素材1"，如图 3-1-11 所示。

（2）选择"移动工具"图标，按住鼠标左键，将"书法素材1"拖动至"书画装饰图.psd"文件中，按 Ctrl＋T 组合键进行尺寸及位置调整，如图 3-1-12 所示。

（3）在"图层"面板中设置"图层3"的混合模式为"正片叠底"，效果如图 3-1-13 所示。

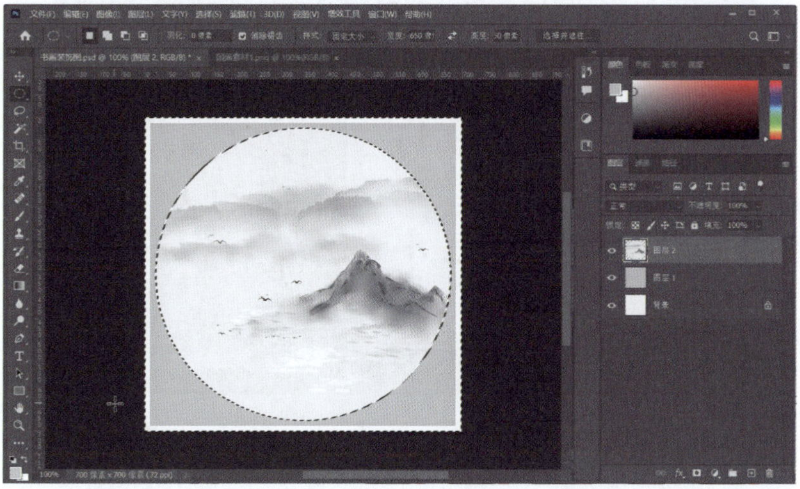

图　3-1-9

图　3-1-10

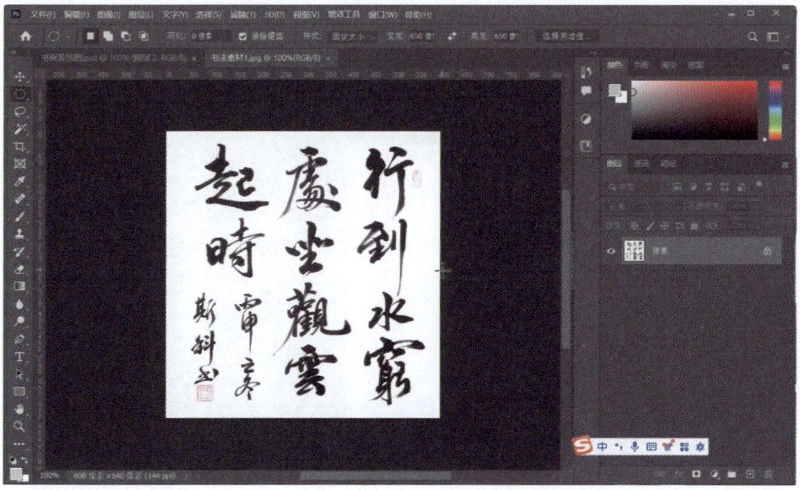

图　3-1-11

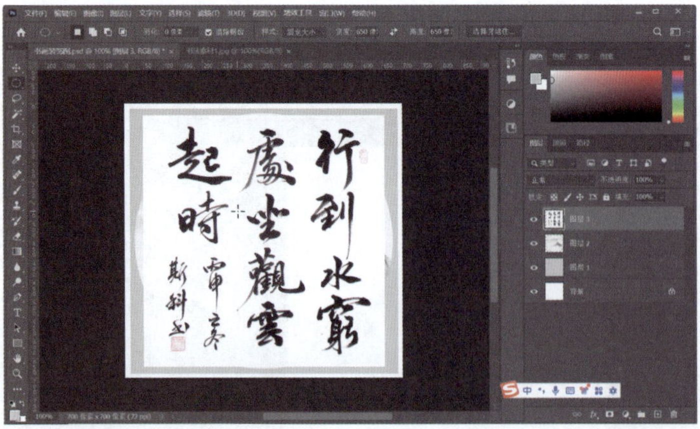

图　3-1-12

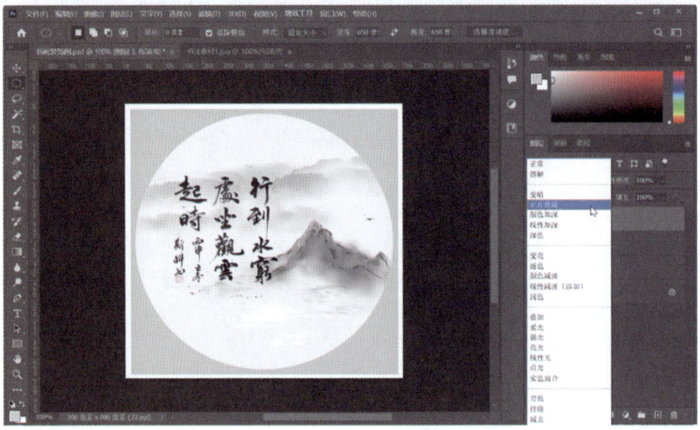

图　3-1-13

五、添加图层样式

（1）选择国画素材所在图层，单击"图层"面板底部的"添加图层样式"按钮 *fx*，如图 3-1-14 所示。

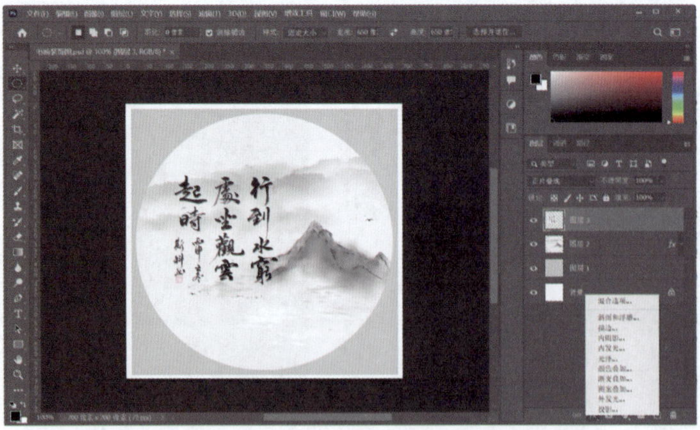

图　3-1-14

（2）分别为图层添加"描边"和"斜面和浮雕"图层样式，图层样式设置分别如图 3-1-15、图 3-1-16 所示。

图　3-1-15

图　3-1-16

（3）样式设置完后，效果如图 3-1-17 所示。

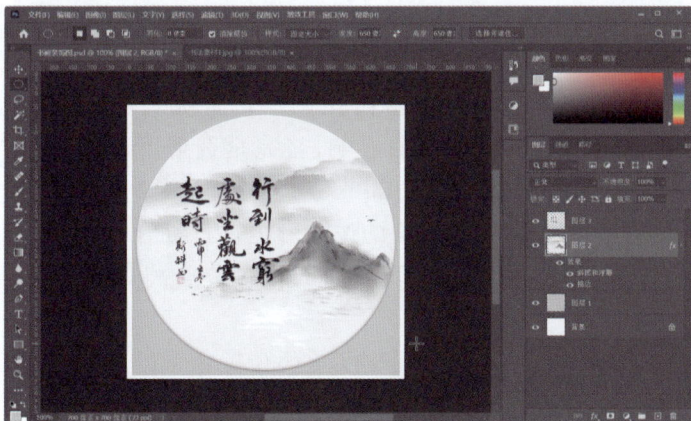

图　3-1-17

六、保存文件

选择"文件"→"存储为"命令,打开"存储为"对话框,如图 3-1-18 所示。选择合适的存储位置,将文件存储为 PSD 格式,单击"保存"按钮,完成案例的制作。

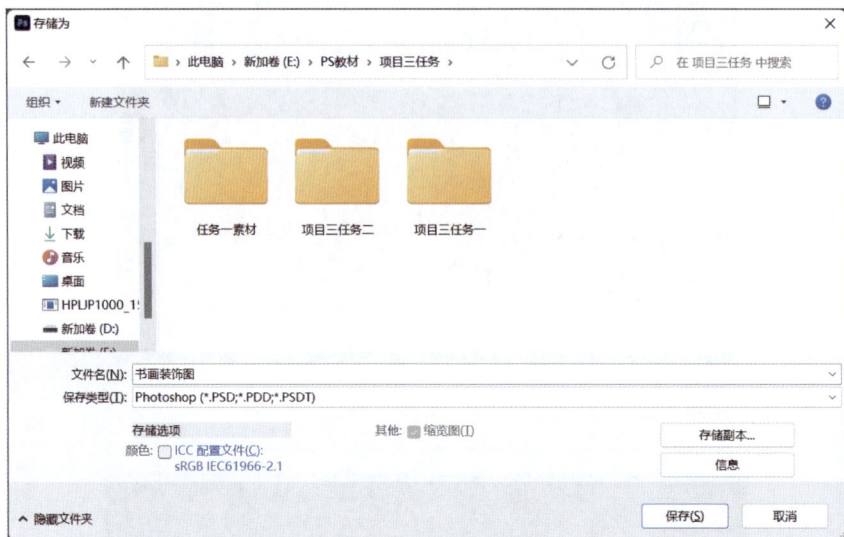

图　3-1-18

【知识链接】

一、图层的混合模式

图层的混合模式是指当前图层中的像素与下层的像素之间的混合方式,不同的混合方式可以创建出不同的特殊效果。

(1) 设置混合模式:单击"图层"面板中的"图层混合模式"选项,打开"图层混合模式"选项菜单,如图 3-1-19 所示,从下拉列表中选择一种混合即可。根据混合后的效果,可以将27 种图层混合模式分为图 3-1-20 所示的几大类型模式。

(2) 常用图层混合模式:图层混合模式需要上下两个图层,把图 3-1-21(a)作为图层 1放在上面,图 3-1-21(b)作为背景层放在其下面,调整图层 1,使其略小于背景,如图 3-1-21(c)所示。以此为例,说明几种常用的图层混合模式。

① 正常:系统默认的混合模式,也就是该图层的原始模式。当图层"不透明度"为100%时,当前图层的显示不受下面图层的影响,将完全覆盖下面的图层,效果如图 3-1-22所示。

② 正片叠底:将上下两个图层中重叠的像素颜色进行复合,得到的结果色比原来的颜色都暗。任何颜色与黑色复合将产生黑色,而与白色复合将保持不变,效果如图 3-1-23所示。

③ 滤色:将上层像素颜色的互补色与下层重叠位置像素的颜色进行复合,得到的结果色将变得较亮。任何颜色与白色复合产生白色,与黑色复合将保持不变,与正片叠底相反,效果如图 3-1-24 所示。

正常	正常
溶解	溶解　　基本型
变暗 正片叠底 颜色加深 线性加深 深色	变暗 正片叠底　变暗型 颜色加深 线性加深 深色
变亮 滤色 颜色减淡 线性减淡（添加） 浅色	变亮 滤色 颜色减淡　变亮型 线性减淡（添加） 浅色
叠加 柔光 强光 亮光 线性光 点光 实色混合	叠加 柔光 强光 亮光　　叠加型 线性光 点光 实色混合
差值 排除 减去 划分	差值 排除 减去　　差异型 划分
色相 饱和度 颜色 明度	色相 饱和度 颜色　　颜色型 明度

图 3-1-19　　　　　　　　　　图 3-1-20

(a)　　　　　　　　　(b)　　　　　　　　　(c)

图 3-1-21

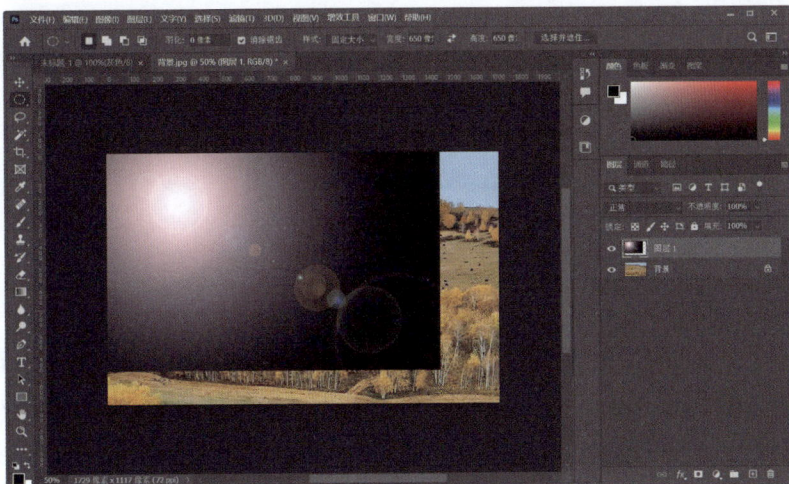

图 3-1-22

图　3-1-23

图　3-1-24

④ 叠加：将上下两个图层位置重叠的像素的颜色进行复合或过滤，同时保留底层原色的亮度。该模式综合了滤色与正片叠底两种模式的作用效果，合成后有些区域图变暗有些区域变亮，效果如图 3-1-25 所示。

⑤ 柔光：如果上层图像比 50％灰色亮，将采用变亮模式，使图像变亮；如果上层图像比 50％灰色暗，将采用变暗模式，使图像变暗，效果如图 3-1-26 所示。

⑥ 颜色：用上层的色相、饱和度与下层图像的亮度创建结果色，这样可以保留图像中的灰阶，对于给单色图像上色或给彩色图像着色都非常有用，效果如图 3-1-27 所示。

二、应用图层样式

1. 图层样式

图层样式也叫图层效果，它可以为图层中的图像添加诸如投影、发光、浮雕和描边等效果，创建具有真实质感的水晶、玻璃、金属和纹理特效，从而迅速改变图层内容的外观。图层样式可以随时修改、隐藏或删除，具有非常强的灵活性。此外，使用系统预设的样式，或者载入外部样式，只需单击鼠标，便可将效果应用到图像。

图　3-1-25

图　3-1-26

图　3-1-27

2．添加图层样式

如果要为一个图层添加图层样式，可以单击"图层"面板底部的"添加图层样式"按钮，从弹出的下拉菜单中选择相应的命令，如图 3-1-28 所示。在"图层样式"对话框中可以设定 10 种不同的图层效果，将这些图层效果任意组合成各种图层样式，还可以存放到"样式"面板中随时调用，如图 3-1-29 所示。

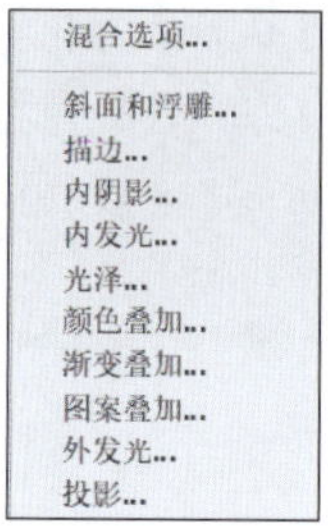

图　3-1-28

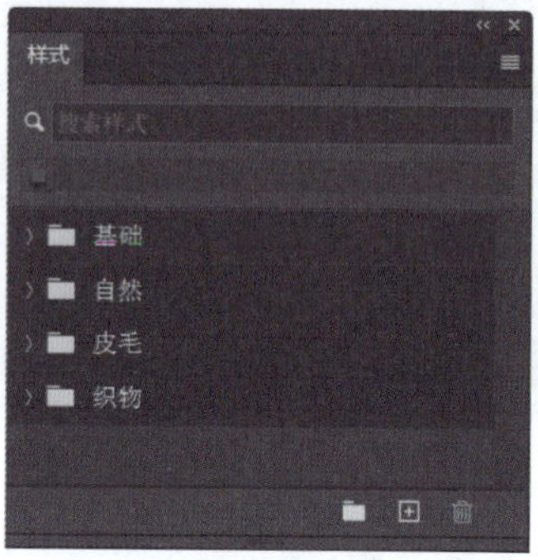

图　3-1-29

3．显示或隐藏图层样式

当前图层添加的所有图层样式都会显示在图层下方，单击图层前面的眼睛就可以隐藏或显示图层样式，单击效果前面的眼睛可以隐藏或显示所有图层样式的效果，如图 3-1-30 所示。

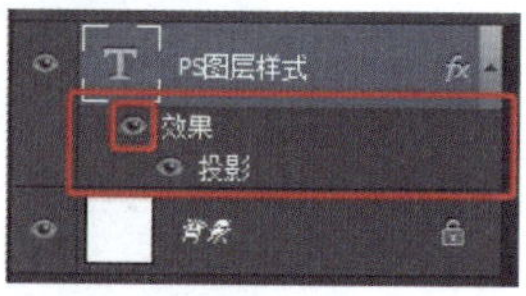

图　3-1-30

4．图层样式效果

（1）投影与内阴影。

二者都可以为图层内容加上阴影，产生立体感。投影是在图层对象后方产生阴影的视觉效果；而内阴影是内部投影，即在图层的边缘以内产生阴影，呈现凹陷的视觉效果。这两种图层样式的效果及对应参数设置如表 3-1-1 所示。

表　3-1-1

投　　　影	内　阴　影

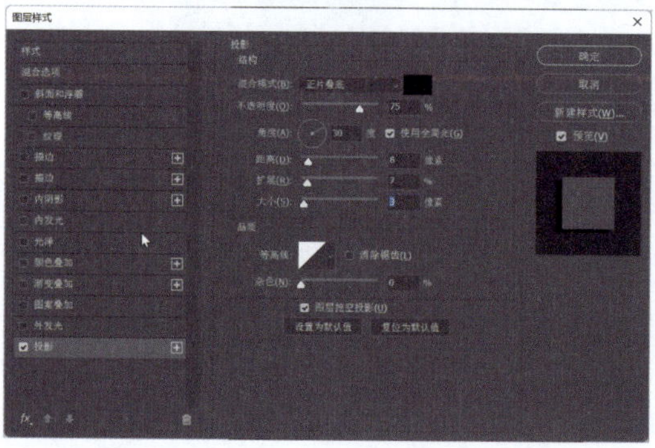

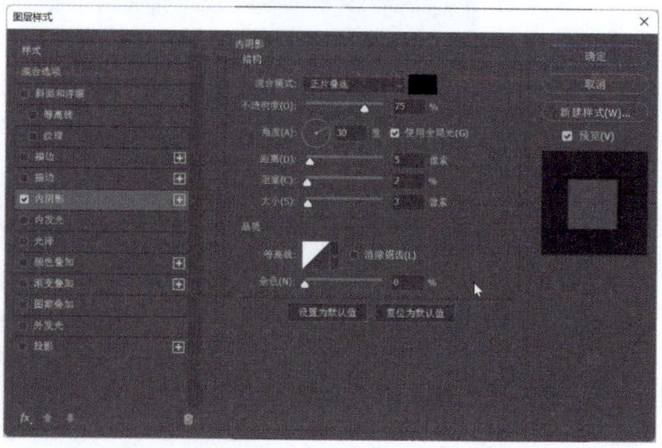

①"混合模式"：用来设置阴影部分与其他图层的混合模式，通过右侧的"拾色器"可以设置阴影的颜色。

②"不透明度"：设置阴影部分的不透明度，数值越大，阴影颜色越深。

③"角度"：设置投影的角度，阴影的方向会随着角度的变化而发生相应的变化。

④"使用全局光"：可以设置阴影部分是否采用与整个图层统一的光源（全局光）进行照射。如果选中该复选框，调整"角度"值，会改变全局光的照射角度，会影响其他使用全局光的图层样式效果，如内阴影、斜面和浮雕等；如果取消选中"使用全局光"复选框，将使用自身单独的光源（局部光）对阴影进行投射，调整"角度"值，只会改变局部光的照射角度，而对其他效果无影响，但会造成各种与光源有关的效果使用的光源不统一的现象，产生不真实感。

⑤"距离"：设置阴影距离，该数值越大，投影离图像越远。

⑥"扩展"：是"投影"的参数，设置阴影强度。100%为实边阴影，默认值为0。

⑦"阻塞"："内阴影"的参数，与"扩展"类似，设置内阴影的强度。

⑧"大小"：设置阴影部分模糊的数量或暗调大小，该值越大，阴影越柔和。

⑨"品质"选项组：通过设置"等高线"与"杂色"来改变阴影质量。

⑩"等高线"：设置阴影的式样。如果选中"消除锯齿"复选框，可以消除使用等高线产生的锯齿，使之更加平滑。

⑪"杂色"：使阴影部分产生斑点效果，该数值越大，斑点越明显。

（2）外发光与内发光

二者都是为图层内容添加一种类似发光的亮边效果。外发光可产生图像边缘外部发光效果，而内发光则产生图像边缘内部的发光效果。两种样式的参数设置及对应的效果图如表3-1-2所示。

表 3-1-2

外 发 光	内 发 光

①"结构"选项组：可以设置混合模式、不透明度、杂色和发光颜色。其中，"发光颜色"可以选择"单色"，设置纯色发光；也可以选择"渐变色条"，设置渐变色发光。

② "图素"选项组：可以设置发光元素的属性，包括方法、扩展/阻塞、大小。其中，通过"方法"下拉列表框设置光线的边缘效果；"扩展/阻塞"选项用于设置光线边缘强度；"大小"选项用于设置发光范围。

③ "品质"选项组：可以设置等高线、范围和抖动，分别设置发光样式、发光范围和发光的杂色程度。其中，"抖动"选项仅对渐变色的发光起作用。

（3）斜面和浮雕。

斜面和浮雕主要用来对图层内容添加高光与阴影的各种组合，使图层内容呈现立体的浮雕效果，是 Photoshop 最常用的图层样式之一。其设置对话框如图 3-1-31 所示。

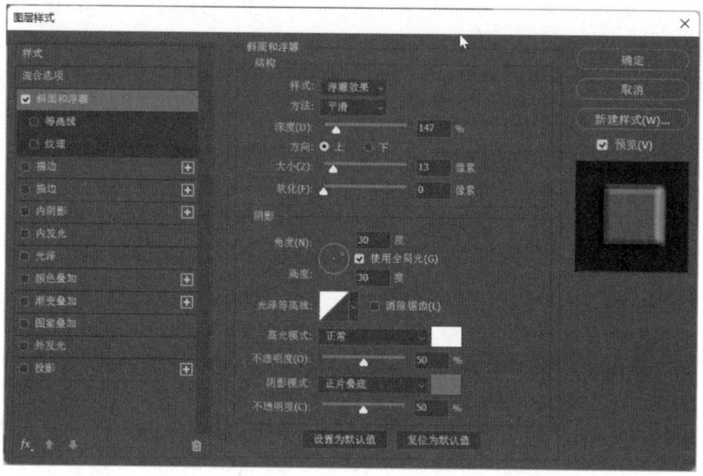

图　3-1-31

① "结构"选项组。

a. "样式"：在该选项下拉列表中可以选择斜面和浮雕的样式，有"外斜面""内斜面""浮雕""枕状浮雕"和"描雕"5 种类型。

b. "方法"：设置斜面或浮雕效果的边缘风格。

c. "深度"：设置斜面或浮雕效果的凸起/凹陷的幅度。

d. "大小"：设置斜面的大小。

e. "软化"：设置斜面的柔和度。

② "阴影"选项组。

a. "光泽等高线"：设置某种等高线用作阴影的样式，创建类似金属表面的光泽外观。

b. "高光模式"和"不透明度"：用于设置斜面或浮雕效果中高光部分的混合模式、颜色和不透明度。

c. "暗调模式"和"不透明度"：用于设置斜面或浮雕效果中的暗调部分的混合模式、颜色和不透明度。

在"图层样式"对话框的左侧"斜面和浮雕"选项下方还包括"等高线"和"纹理"选项。使用"等高线"可以控制投影的形状，凹陷和凸起。

使用纹理时，单击图案右侧的 ▪ 按钮，可以在打开的下拉列表中选择一个图案，将其应用到斜面和浮雕上，两者的相关参数如图 3-1-32 所示。

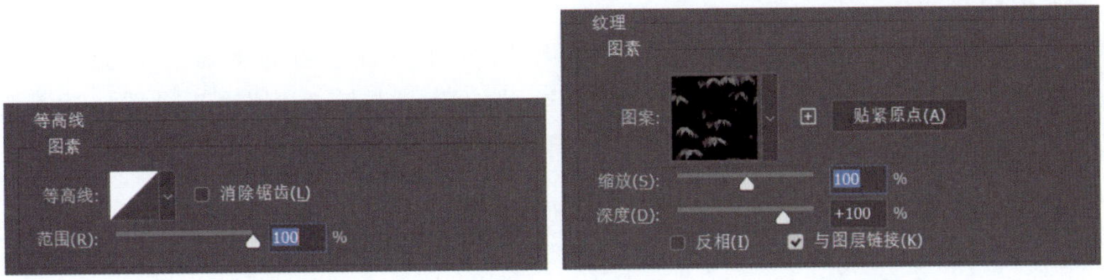

(a) 等高线　　　　　　　　　　　　　　(b) 纹理

图　3-1-32

（4）光泽。

根据图层的形状应用阴影，从而创建出光滑的磨光效果或产生金属光泽。"光泽"效果可以生成光滑的内部阴影，通常用来创建金属表面的光泽外观。该效果没有特别的选项，但可以通过选择不同的"等高线"来改变光泽的样式。其设置选项如图 3-1-33 所示。

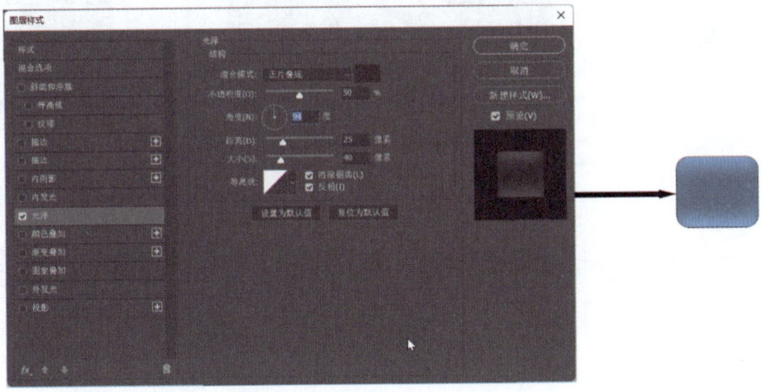

图　3-1-33

（5）颜色叠加、渐变叠加和图案叠加。

颜色叠加、渐变叠加和图案叠加三者作用相似，分别用来将颜色、渐变和图案添加到图层内容上。"颜色叠加""渐变叠加"和"图案叠加效果"类似于"纯色""渐变"和"图案"填充图层，只不过它是通过图层样式的形式进行内容叠加的。其效果和设置对话框如表 3-1-3 所示。

表　3-1-3

颜色叠加	渐变叠加	图案叠加

	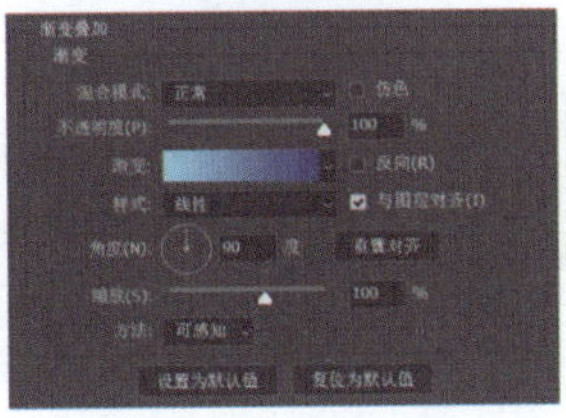	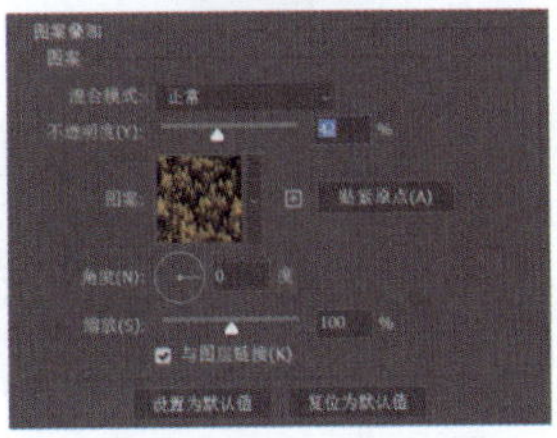

（6）描边。

描边为图层中对象添加边缘轮廓，其中"大小"用于设置描边的粗细；"位置"用于设置描边的位置，可以选择"外部""内部"和"居中"3种位置；"填充类型"用于设置描边类型，包括"颜色""渐变"和"图案"3种，表3-1-4为选择不同"填充类型"后所得的不同效果。

表　3-1-4

颜　　色	渐　　变	图　　案

5. 管理图层样式

图层样式的管理与图层管理基本相同，右击图层上的"fx"，弹出的快捷菜单如图3-1-34所示，选择相应的选项即可管理图层样式。

（1）清除图层样式。

在"图层"面板中，拖曳要删除的效果行到图层面板底部的"删除图层"按钮 ▣ 。或者在图3-1-34中选择"清除图层样式"选项。

（2）拷贝与粘贴图层样式。

在"图层"面板中，右击要拷贝图层样式的图层，从弹出的如图3-1-34所示菜单中选择"拷贝图层样式"命令，再右击要应用图层样式的目标层，从弹出的如图3-1-34所示菜单中选择"粘贴图层样式"命令即可。

（3）创建自定义样式。

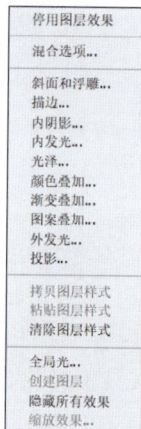

图　3-1-34

将各种图层效果集合起来完成一个设计元素后，可将其存放到"样式"面板中，以方便随时调用。要将自己定义的图层效果存放到"样式"面板中，可采用以下方法。

① 在"图层样式"对话框中，设定所需要的各种效果后，单击对话框中的"新建样式"按钮，弹出"新建样式"对话框，输入名称后，单击"确定"按钮，如图3-1-35所示。

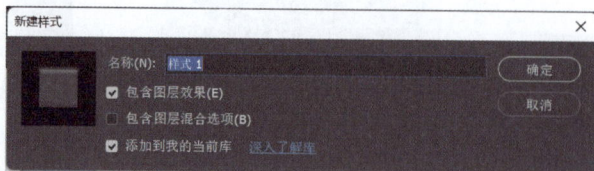

图　3-1-35

② 选择已应用样式的图层,单击"样式"面板下方的"创建新样式"按钮或单击"样式"面板的空白处,也会弹出"新建样式"对话框。

(4) 应用"样式"面板中的样式。

"样式"面板中有系统预制的样式,也有用户自行创建的样式,还有追加或载入的样式。如果要应用"样式"面板中的样式,只需单击"样式"面板中某个样式名即可将其应用到当前图层中,如图 3-1-29 所示。

(5) 设置全局光。

选择"图层"→"图层样式"→"全局光"命令,弹出"全局光"对话框,如图 3-1-36 所示,可以设置光线的角度和高度,对当前图像中所有使用了全局光效果的图层均有效。

图　3-1-36

任务二　制作《江山美人》中国扇

【任务描述】

《千里江山图》是宋代王希孟的书画作品,绢本青绿设色,是中国十大传世名画之一,现收藏于北京故宫博物院。该画将烟波浩渺的江河、层峦起伏的群山构成了一幅美妙的江南山水图,表现了青年画家严谨的生活态度。本任务通过制作《江山美人》中国扇,引导学生掌握蒙版应用并学会添加图层蒙版、剪贴蒙版等相关知识。

任务素材

【任务实施】

一、新建文件

(1) 双击桌面图标,启动 Photoshop CC 2022。

(2) 在欢迎界面单击"新建"按钮,如图 3-2-1 所示,弹出新建文件窗口,在窗口中设置文件名为"江山美人图",参数设置为:宽度 1260 像素、高度 800 像素、分辨率 72 像素/英寸,单击"创建"按钮,新建文件,如图 3-2-2 所示。

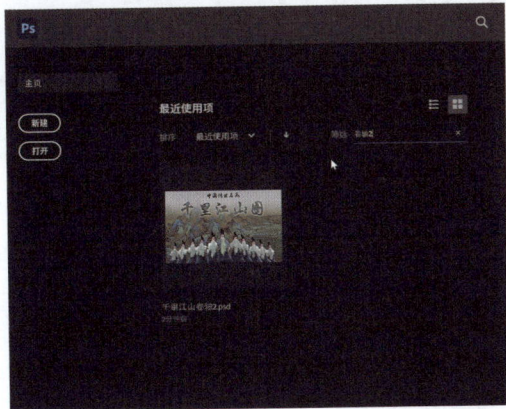

图　3-2-1

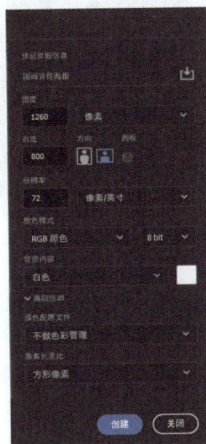

图　3-2-2

二、添加并处理国画素材

（1）选择菜单栏中的"文件"→"打开"命令，在弹出的窗口中选择栏中的"项目三任务\
任务二素材"，单击"打开"按钮，如图 3-2-3 所示，在 Photoshop 中打开"千里江山图"，如
图 3-2-4 所示。

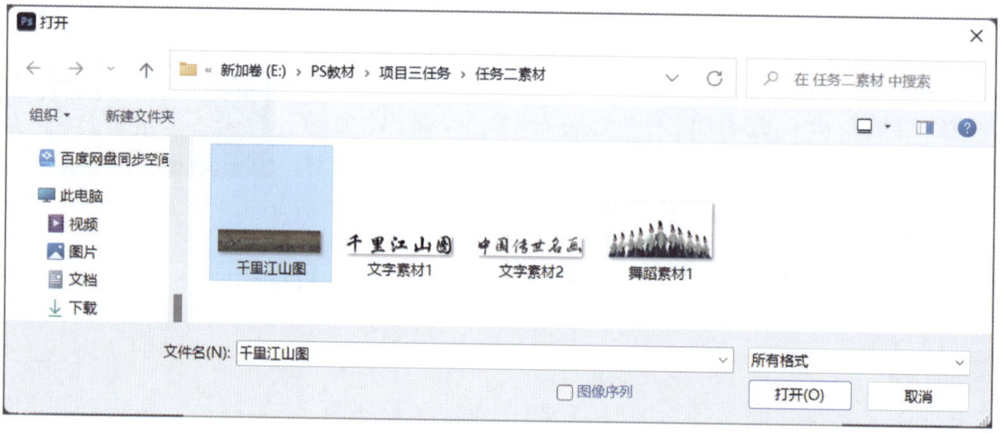

图　3-2-3

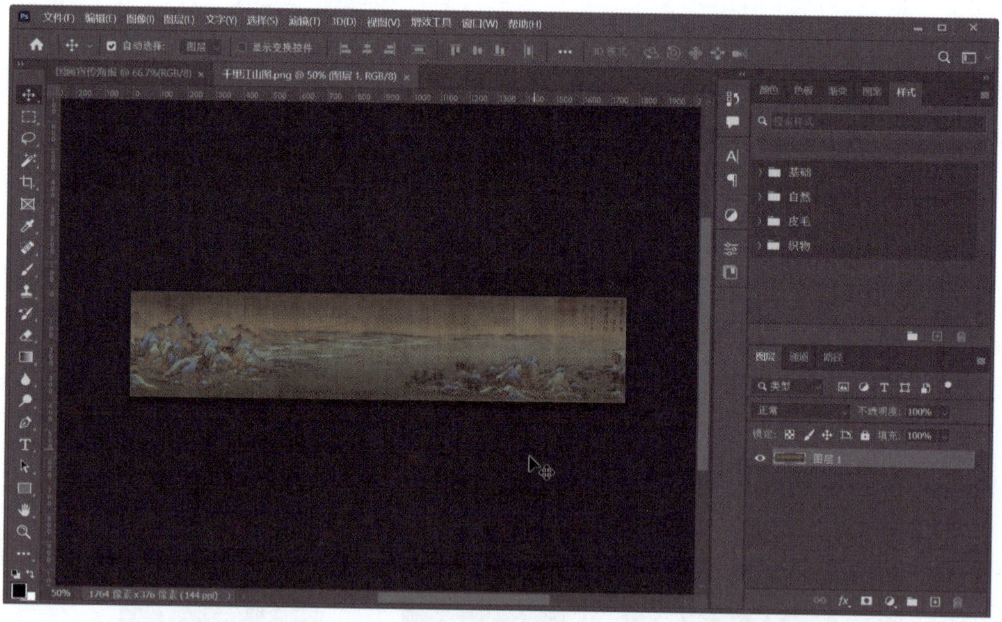

图　3-2-4

（2）选择工具箱中的"矩形选框工具"图标，在素材上选择如图 3-2-5 所示的位置，按快
捷键 Ctrl+C 进行复制，在打开的"国画宣传海报"文件中，按快捷键 Ctrl+V 进行粘贴，如
图 3-2-6 所示。按快捷键 Ctrl+T 进行尺寸及位置调整，效果如图 3-2-7 所示。

（3）选择国画素材所在图层，按住鼠标左键，将其拖放到"图层"面板中的"新建"按钮
上，生成其拷贝图层，如图 3-2-8 所示。单击图层前的眼睛，先隐藏该图层，准备对图层 1 进
行处理。选择"图像"→"调整"→"去色"命令，效果如图 3-2-9 所示。

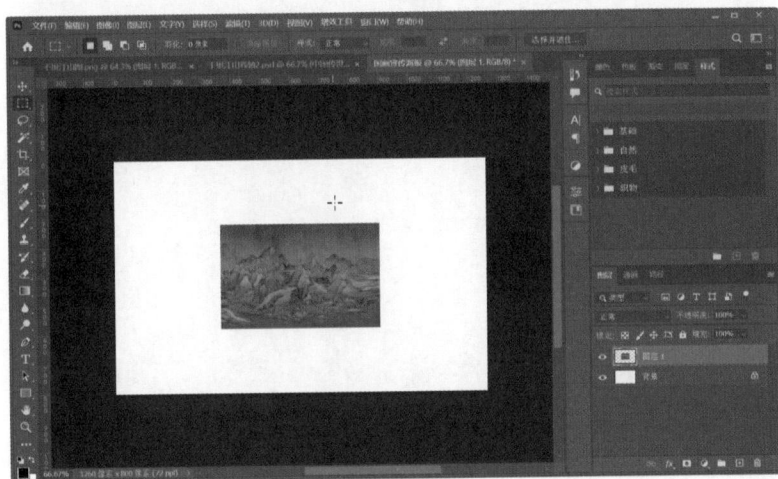

图 3-2-5

图 3-2-6

图 3-2-7

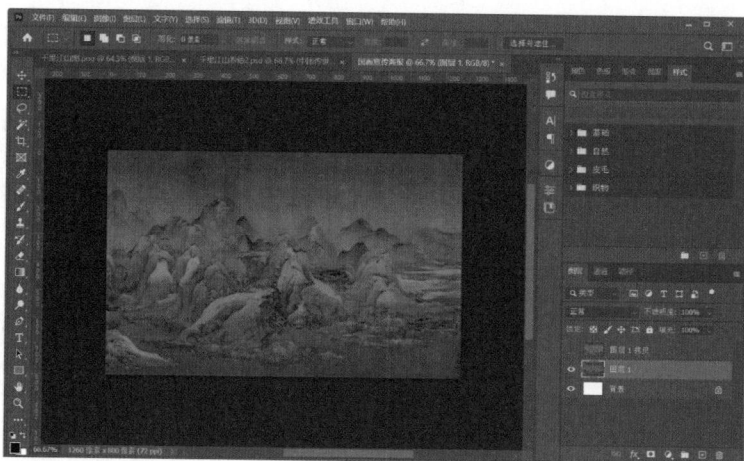

图　3-2-8

图　3-2-9

（4）选定"图层 1"，单击"图层"面板中的"创建新的填充或调整图层"按钮 ，在弹出
的快捷菜单中选择"曲线"，如图 3-2-10 和图 3-2-11 所示。

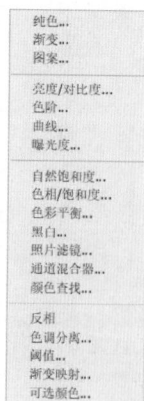

图　3-2-10

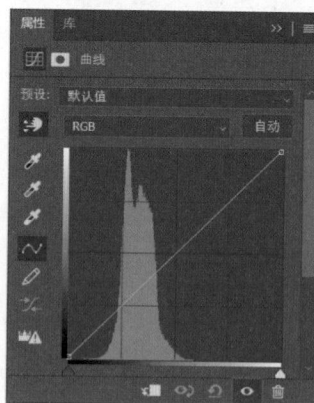

图　3-2-11

　　为了后面的图像合成效果,分别进行亮度及图像透明度的调整,具体操作是:打开"曲线"调整图层,单击"在图像上单击或拖动修改曲线"按钮 ▦ ,在国画上部较暗处向上调高国画的亮度,并且将"图层"面板的不透明度设为"45％",完成后的效果如图 3-2-12 所示。

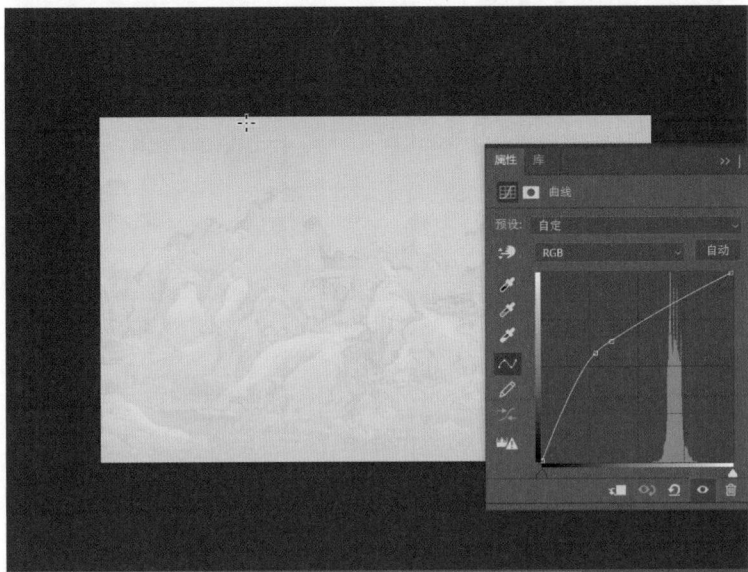

图　3-2-12

三、蒙版应用

　　(1) 单击"图层 1 拷贝"层前的眼睛,取消隐藏。单击"图层"面板下方的"添加图层蒙版"按钮 ▣ ,给"图层 1 拷贝"层添加一个白色的蒙版,如图 3-2-13 所示。

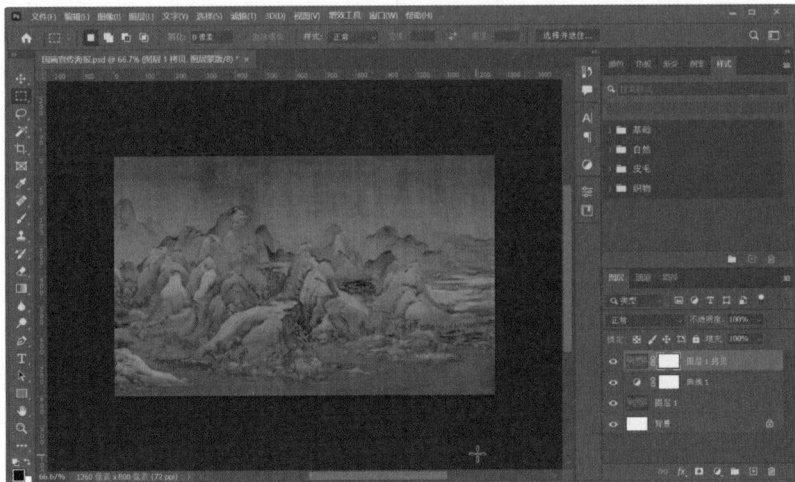

图　3-2-13

　　(2) 按字母"D"设置默认的前景色为黑色,背景色为白色。单击工具箱中的"渐变工具"按钮 ▤ ,设置前景到背景的渐变色,在图层蒙版中从上往下填充,效果如图 3-2-14 所示,让图画的背景自然变亮。

图　3-2-14

（3）选择菜单栏中的"文件"→"打开"命令，在弹出的窗口中选择"文字素材1"，如图 3-2-15 所示，单击"打开"按钮，在 Photoshop 中打开"文字素材1"，如图 3-2-16 所示。

图　3-2-15

图　3-2-16

（4）选择"移动工具"![移动工具图标]，将"文字素材1"拖动至"国画宣传海报.psd"文件中，按快捷键Ctrl＋T进行尺寸及位置调整，如图3-2-17所示。

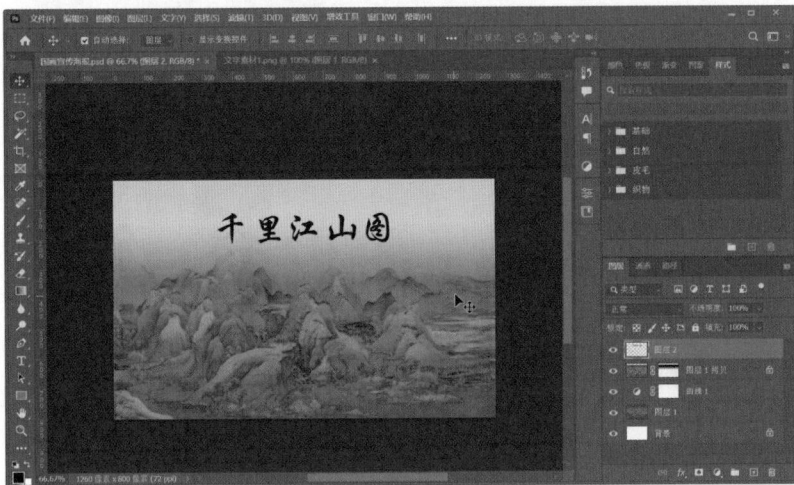

图　3-2-17

（5）选择"移动工具"![移动工具图标]，按住鼠标左键，把前面打开的"千里江山图"素材拖至"国画宣传海报.psd"文件中，按快捷键Ctrl＋T进行尺寸及位置调整，并将图层放在"图层2"的上方，如图3-2-18所示。

图　3-2-18

（6）选中"图层3"，右击，从弹出的快捷菜单中选择"创建剪贴蒙版"命令，效果如图3-2-19所示。

（7）选择"文件"→"打开"命令，在弹出的窗口中选择"舞蹈素材1"，单击"打开"按钮，如图3-2-20所示。

（8）选择"移动工具"，按住鼠标左键，把"舞蹈素材1"拖至"江山美人.psd"文件中，按快捷键Ctrl＋T进行尺寸及位置调整，如图3-2-21所示。

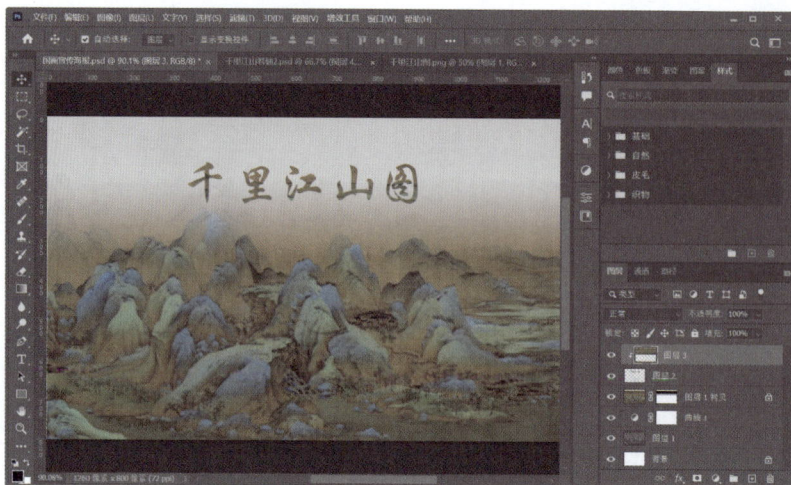

图　3-2-19

图　3-2-20

图　3-2-21

（9）单击"图层"面板中的"添加图层蒙版"按钮 ▣ ，给"图层4"拷贝层添加一个白色的蒙版。按字母"D"设置默认的前景色为黑色，背景色为白色。单击工具箱中的"渐变工具"按钮 ▣ ，设置前景到背景的线性渐变色，在图层蒙版中从下往上填充，效果如图3-2-22所示。选择"文件"→"存储副本"命令，将"江山美人.psd"存储为"江山美人.jpg"。

图　3-2-22

（10）选择"文件"→"打开"命令，在弹出的窗口中选择"中国团扇"素材，单击"打开"按钮，如图3-2-23所示。

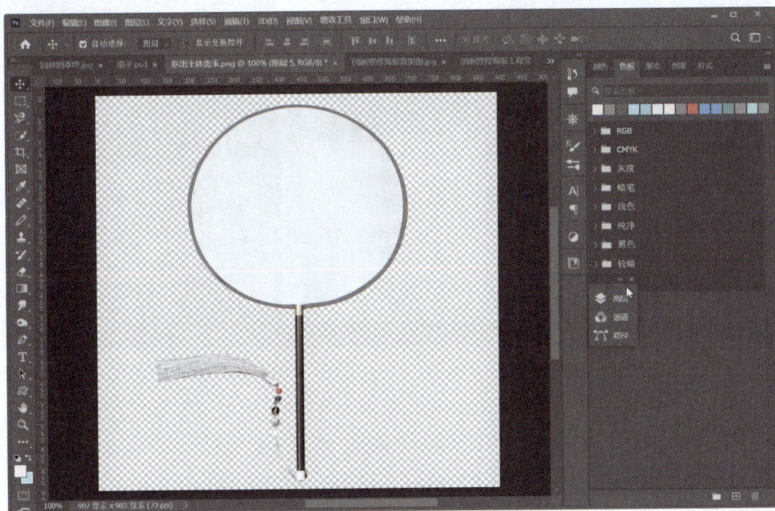

图　3-2-23

（11）新建一个图层，将其拖放到扇子素材的下面，填充"＃fffff"f到"＃b0effa"的渐变色，充当背景，效果如图3-2-24所示。

（12）打开"江山美人.jpg"，使用移动工具将其拖到"中国团扇"文件中，按快捷键Ctrl＋T进行尺寸及位置调整，如图3-2-25所示。调整后，单击该图层前面的眼睛，将其关闭显示，为后面的扇面选取做好准备。

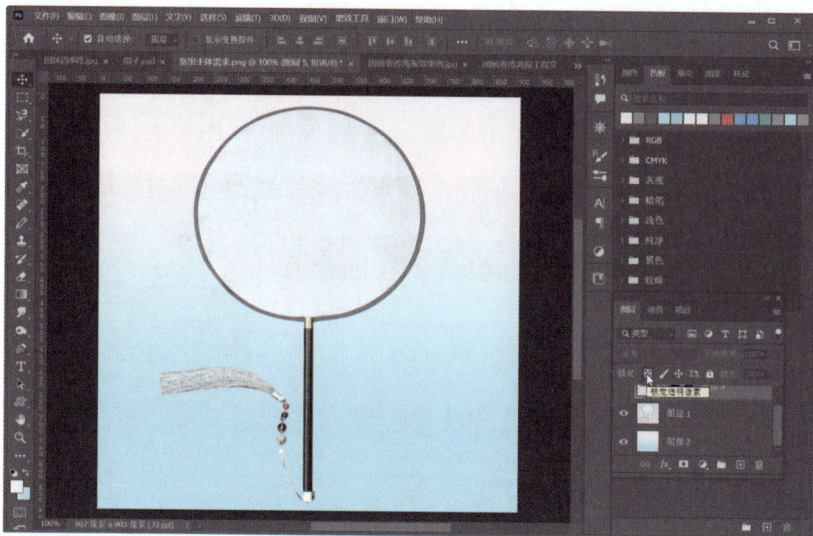

图　3-2-24

图　3-2-25

　　（13）选择"快速选取"工具 ▨，将团扇中的扇面区域选中，如有要调整的区域，可以通过选择不同选区类型 ▨▨▨ 进行选区的增减。最后形成的选区如图 3-2-26 所示。

　　（14）再次单击眼睛图标，显示并选择单击"图层"面板中的"添加图层蒙版"按钮 ▣，通过蒙版实现的效果如图 3-2-27 所示。

　　（15）双击团扇素材所在图层，打开"图层样式"对话框，选择"投影"复选框，调整相应参数，如图 3-2-28 所示。最终效果如图 3-2-29 所示。

四、保存文件

　　选择"文件"→"存储为"命令，打开"存储为"对话框，如图 3-2-30 所示。选择合适的存储位置，将文件存储为 PSD 格式，单击"保存"按钮，完成任务二的制作。

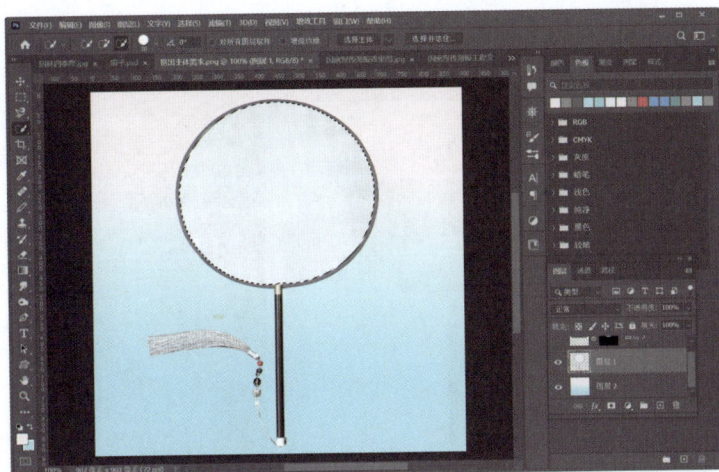

图 3-2-26

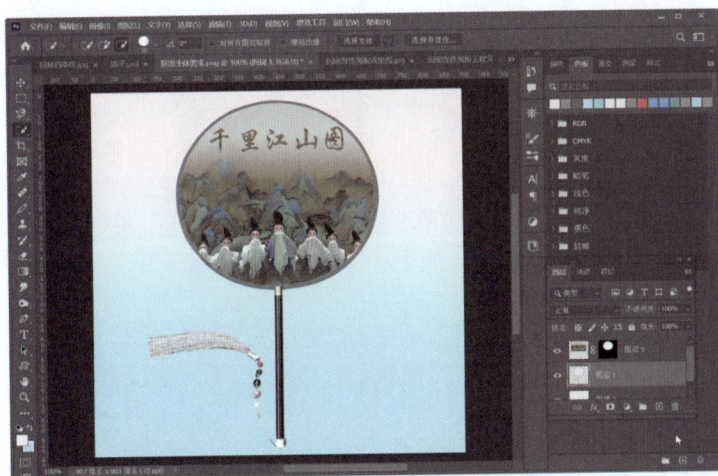

图 3-2-27

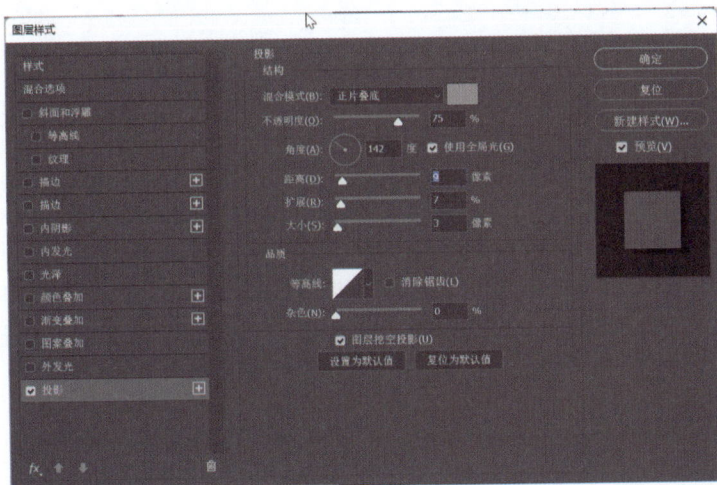

图 3-2-28

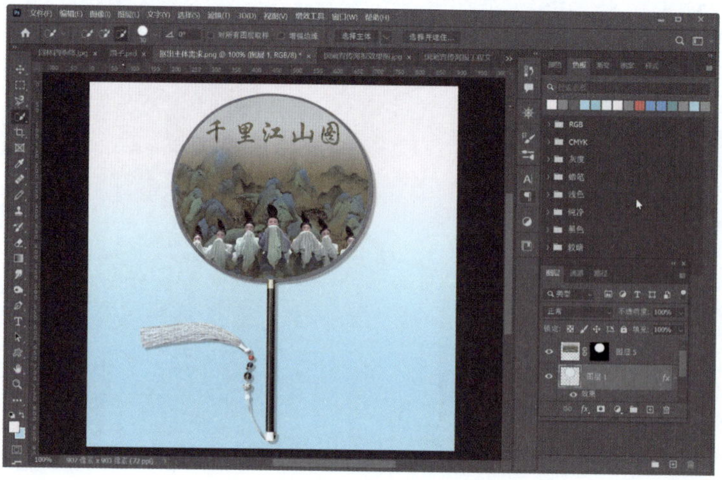

图　3-2-29

图　3-2-30

【知识链接】

蒙版可以控制当前图层中不同区域的隐藏和显示方式。通过更改蒙版，可以在不改变图层本身的前提下对图层应用各种特殊的效果。

Photoshop 提供了三种蒙版：剪贴蒙版、矢量蒙版和图层蒙版。

一、剪贴蒙版

剪贴蒙版是通过一个对象的形状来控制其他图层的显示区域。剪贴蒙版可以用一个图层中包含像素的区域来限制它在上层图像中的显示范围。它可以通过一个图层来控制多个图层的可见内容。

1. 创建剪贴蒙版

（1）如图 3-2-31 所示，将"风景"图层放置在"剪贴形状"图层的上方。

（2）选择要添加剪贴蒙版的"风景"图层，执行"图层"→"创建剪贴蒙版"菜单命令，此时便创建了剪贴蒙版，效果如图 3-2-32 所示。

图　3-2-31

图　3-2-32

2. 剪贴蒙版中各图层的作用

在剪贴蒙版组中,下方图层为"基底图层",名称带有下画线;上方图层为"内容图层",其缩览图是缩进的。基底图层中的透明区域充当了蒙版作用,可以将"内容图层"中的图像隐藏起来。

3. 剪贴蒙版的编辑

(1) 将图层拖曳至"基底图层"上方,该图层可加入剪贴蒙版组。

(2) 将"内容图层"移出剪贴蒙版组,可释放该图层。

(3) 取消全部剪贴蒙版,可选择基底层正上方紧邻的"内容图层",执行"图层"→"释放剪贴蒙版"菜单命令。

二、矢量蒙版

矢量蒙版是通过路径和矢量形状控制图像的显示区域,它与分辨率无关,无论怎样放大都能保持光滑的轮廓。常用来制作 Logo、按钮或其他的 Web 设计元素。

1. 创建矢量蒙版

(1) 如图 3-2-33 所示,将"草原"图层放置在"背景"图层的上方。

(2) 选择"自定义形状"工具 绘制一个树形路径,如图 3-2-34 所示。

（3）选中"图层 1"，执行"图层"→"矢量蒙版"→"当前路径"菜单命令，即可基于当前路径创建矢量蒙版，路径区域外的图像会被蒙版遮盖，如图 3-2-35 所示。

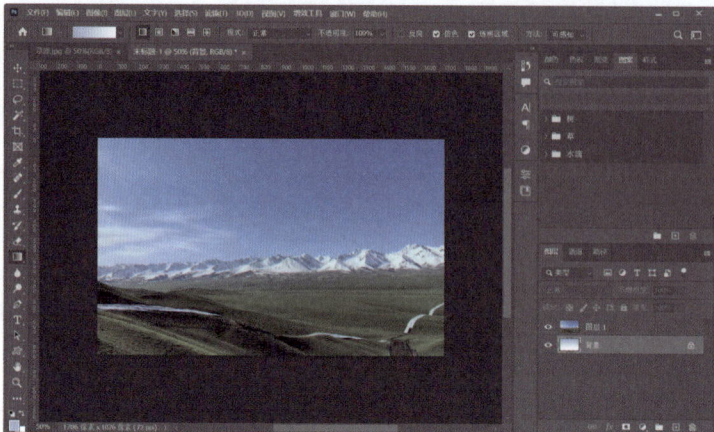

图　3-2-33

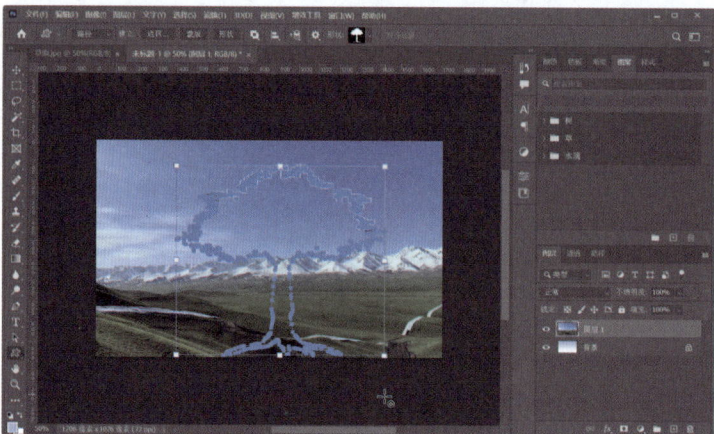

图　3-2-34

图　3-2-35

2. 编辑矢量蒙版

创建矢量蒙版后,单击矢量蒙版缩览图,可进入蒙版编辑状态,借助路径工具,修改路径形状,蒙版被遮盖的图像区域会随之改变。

3. 删除矢量蒙版

要删除添加的矢量蒙版,可以选中添加蒙版的图层,执行"图层"→"矢量蒙版"→"删除"菜单命令。

三、图层蒙版

图层蒙版是通过蒙版中的灰度信息来控制图像的显示区域。在图层蒙版中,白色对应的图像是可见的,黑色会遮盖图像,灰色区域会使图像呈现一定程度的透明效果。基于"黑透白不透"原理,当我们想要隐藏图像的某些区域时,可以为它添加一个图层蒙版,然后利用"画笔工具",在蒙版中将想要隐藏的区域涂黑即可;想让图像呈现半透明的效果,可以将图层蒙版相应的区域涂成灰色;想让图像呈现部分透明、部分不透明的效果,可以将图层蒙版的区域涂成黑白渐变。效果如图 3-2-36 所示。

图　3-2-36

1. 创建图层蒙版

选择要添加图层蒙版的普通图层,单击"图层"面板底部的"添加图层蒙版"按钮 ◻,可以为当前图层添加一个图层蒙版。

(1) 若图层中有选区,则可以基于当前选区为图层添加图层蒙版,选区以内的图像显示,选区以外的图像将被隐藏。在图层缩览图的右侧会添加一个黑白两种颜色的蒙版缩览图。图 3-2-37 所示为基于椭圆选区而创建的图层蒙版缩览图及相应的图像效果。

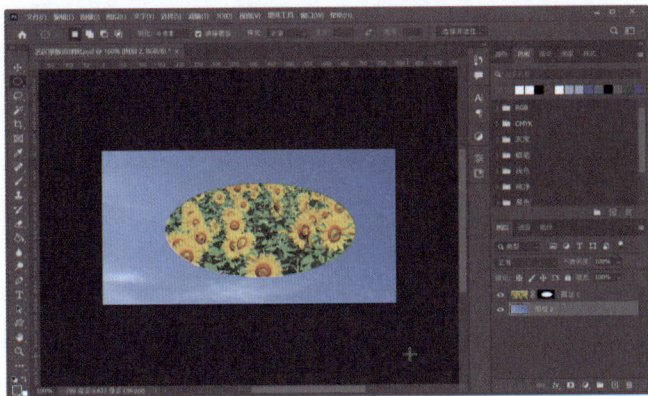

图　3-2-37

(2) 若图层中没有选区,原图层全部显示,添加的是一个白色的蒙版缩览图,图层蒙版缩览图及相应的图像效果如图 3-2-38 所示。可以借助画笔工具修改图层蒙版。选中蒙版缩览图,用黑色画笔绘画,蒙版区域扩大;用白色画笔绘画,蒙版区域缩小;用灰色画笔绘画,会创建渐隐效果。图层蒙版缩览图及相应的图像效果如图 3-2-39 所示。

图 3-2-38

图 3-2-39

2. 蒙版的基本操作

(1) 停用/启用图层蒙版

在"图层"面板中右击图层蒙版缩览图,弹出如图 3-2-40 所示的快捷菜单,选择"停用图层蒙版"命令即可暂时停用蒙版,此时蒙版缩览图变为 ▨。要恢复图层蒙版的使用,需要右击蒙版缩览图,从快捷菜单中再次选择"启用图层蒙版"命令,如图 3-2-41 所示。

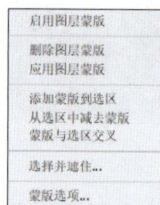

启用图层蒙版
删除图层蒙版
应用图层蒙版
添加蒙版到选区
从选区中减去蒙版
蒙版与选区交叉
选择并遮住...
蒙版选项...

停用图层蒙版
删除图层蒙版
应用图层蒙版
添加蒙版到选区
从选区中减去蒙版
蒙版与选区交叉
选择并遮住...
蒙版选项...

图 3-2-40   图 3-2-41

图 3-2-42

（2）删除及应用图层蒙版

① 若选择"应用图层蒙版"命令，将清除蒙版，但保留效果。

② 若拖动"图层"面板中的图层蒙版缩览图至"图层"面板底部的"删除图层"按钮上，将弹出如图 3-2-42 所示的对话框，单击"应用"按钮，可以删除蒙版但保留效果；单击"删除"按钮，则删除蒙版及其效果。

项目测试

一、选择题

1. 在 Photoshop CC 中，两个图层混合时是用上层图像的"色相/饱和度"以及下层图像的"亮度"来创建结果色，则其混合模式为（　　）。

　　A. 颜色　　　　　　B. 滤色　　　　　　C. 正片叠底　　　　D. 柔光

2. 如果对图层执行"内阴影"效果，那么会出现（　　）。

　　A. 立体凸起　　　　　　　　　　　　B. 立体凹陷

　　C. 内部发光　　　　　　　　　　　　D. 内部产生磨光效果

3. 下列图层混合模式中，与正片叠底效果相反的是（　　）。

　　A. 颜色　　　　　　B. 柔光　　　　　　C. 滤色　　　　　　D. 叠加

4. 选中"图层"面板中的蒙版缩览图，右击选择"应用图层蒙版"命令后（　　）。

　　A. 图层及蒙版图层都被删除

　　B. 只删除蒙版图层产生的效果，保留空白的蒙版图层

　　C. 只删除蒙版图层，保留蒙版产生的效果

　　D. 删除蒙版图层及其产生的效果

5. 在图层蒙版中，选区内的区域显示为（　　）。

　　A. 黑色　　　　　　B. 白色　　　　　　C. 灰色　　　　　　D. 半透明红色

二、简答题

1. 为图层添加图层样式的方法有哪几种？

2. 删除图层蒙版的方法有哪些？

三、案例分析题

小张手里有一张黑白照片，如图 3-1 所示，请帮助他分析用图层混合模式为照片上色的步骤（头发颜色为＃9c7868，脸部颜色为＃f8c9b9，嘴唇颜色为＃f0a7a0，身体颜色为＃d7a485）。效果如图 3-2 所示。

图 3-1　　　　　　　　　　　　　图 3-2

四、综合应用题

请根据所提供的素材 01(图 3-3)、素材 02(图 3-4),写出制作"深秋藏不住"效果的步骤,如图 3-5 所示。要求:文件大小为 800×700 像素,分辨率为 300PPI,使用"图层蒙版"制作,保存文件名为"深秋藏不住"的 PSD 格式文件。

项目素材

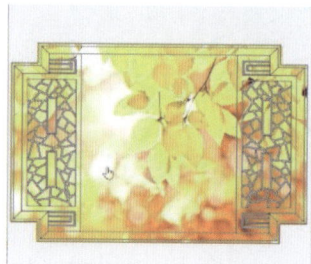

图　3-3　　　　　　　　　图　3-4　　　　　　　　　图　3-5

五、技能操作题

利用给定的素材"扇子"(图 3-6)和"国画"(图 3-7),通过图层蒙版,完成折扇成品的设计,样式如效果图 3-8 所示。(要求:"千里江山图"要添加阴影效果。)

图　3-6　　　　　　　　　图　3-7　　　　　　　　　图　3-8

✏ 项目评价

知 识 技 能	了　解	基本掌握	熟练掌握
图层混合模式	★★☆	★★☆	★★☆
图层样式	★★☆	★★☆	★★☆
蒙版	★★☆	★★☆	★★☆
综合素养	**自　评**		**互　评**
请从以下方面进行评价。 1. 是否了解中国的书法国画,能否准确表达传统文化的精髓和魅力。 2. 任务作品的完成度与完整性。 3. 操作过程中是否有良好的工作习惯。			

图 像 调 整

知识目标

1. 掌握图章工具组、修复工具组、橡皮擦工具组中各工具的使用方法。
2. 掌握调整图像色彩的基本命令。
3. 掌握调整图像色调的基本命令。

技能目标

1. 学会使用图像修复工具进行图像的修复。
2. 学会使用图像修饰工具进行图像的修饰。
3. 学会使用橡皮擦工具组擦除图像中多余的像素。
4. 了解数码照片调色的基础知识,学会通过查看图像的直方图了解图像的色调情况。
5. 学会使用色调调整命令进行色调的调整。
6. 学会使用色彩调整命令进行色彩的调整。
7. 了解特殊色彩色调命令的作用及使用方法,并能灵活运用。

项目情境

　　随着现代智能设备的普及,拍摄数码照片成为人们的行为日常。好的数码相片,不仅仅依靠拍摄技术,更多的是要靠后期的图像调整。而 Photoshop 的主要功能之一,就是对数码照片进行修复、修饰、润色等后期处理。

　　Photoshop 中的图像修复工具可以轻松地将有缺陷的照片修补完好。而图像修饰工具则能让图像局部润色或增加图像的清晰度。至于照片的整体亮度和颜色的调整,则可以通过 Photoshop 的色调调整和颜色调整功能来实现。

项目分解

　　本项目包含以下两个任务。

　　任务一　制作"苏州园林"海报

　　任务二　制作"园林四季"陶瓷笔筒

　　本项目将通过这两个任务的制作,让大家熟悉 Photoshop 对于图像调整的相关操作,学会使用 Photoshop 对数码相片进行处理。

本项目以苏州园林为案例,通过园林海报及文创产品的制作,让学生在学习知识的同时,感受中国园林风景的独特魅力。

任务一　制作"苏州园林"海报

【任务描述】

苏州园林又称苏州古典园林,以私家园林为主。其中,沧浪亭、狮子林、拙政园和留园并称苏州四大园林。沧浪亭为苏州现存历史最久的园林,北宋诗人苏舜钦购得后,傍水建亭,以"沧浪濯缨"之典故取名。临水处建复廊,以漏窗通透内外景物,使内外山水融为一体;其手法在苏州众多园林中独树一帜。通过本任务——制作"苏州园林"海报,引导学生掌握常用修复工具和修饰工具的使用方法。

任务素材

【任务实施】

一、新建文件

(1)双击桌面图标,启动 Photoshop CC 2022。

(2)单击"新建"按钮,如图 4-1-1 所示,弹出"新建文件"窗口,设置文件名为"苏州园林海报",参数设置为:宽度 918 像素、高度 1350 像素、分辨率 72 像素/英寸,单击"创建"按钮,新建文件,如图 4-1-2 所示。

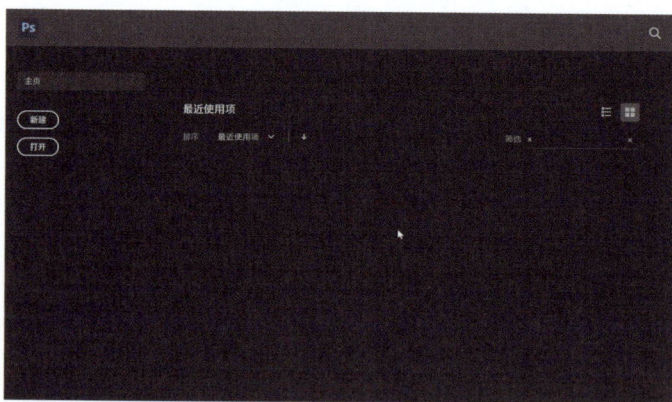

图　4-1-1　　　　　　　　　　　　　　　　图　4-1-2

二、处理背景图

(1)打开准备设置为背景的图片"水墨背景",如图 4-1-3 所示,单击"移动工具"按钮，按住鼠标左键,将"水墨背景"拖曳至"苏州园林海报.psd"文件中,按快捷键 Ctrl＋T 进行尺寸及位置调整,如图 4-1-4 所示。

(2)使用"污点修复画笔工具"，在选项栏中设置画笔大小为 19 像素、在选项栏中选择为"内容识别"类型,选中"对所有图层取样"复选框,在画面中的色点上单击以去掉小污点。选择"修补工具"，在选项栏中的"修补"下拉列表框中选择"内容识别"选项,选中"对所有图层取样"复选框,在较多污点的周围拖曳鼠标,将其选取后,再将鼠标移至选区内,向旁边空白处相邻区域拖曳,释放鼠标即可去除污点,按快捷键 Ctrl＋D 取消选区。最终效果如图 4-1-5 所示。

图　4-1-3　　　　　　　　　　　　　　　　　图　4-1-4

三、添加及处理图片素材

(1)选择"文件"→"打开"命令,在弹出的窗口中选择"项目四任务/任务一素材",单击"打开"按钮,在 Photoshop 中打开"沧浪亭 1"。

(2)选择"污点修复画笔工具"，"源"设置为"取样",不选中"对齐"复选框,样本设置为"当前和下方图层",按住 Alt 键的同时在干净处单击取样,然后在照片中的干枯树枝处单击或拖曳鼠标,将其去掉,效果如图 4-1-6 所示。

图　4-1-5　　　　　　　　　　　　　　　　　图　4-1-6

(3)选择"修补工具"，在选项栏中的"修补"下拉列表框中选择"内容识别"选项,选中"对所有图层取样"复选框,设置如图 4-1-7 所示。在远处的房子处周围拖曳鼠标,将其选取,将鼠标指针移至选区内,向空白邻近区域拖曳,释放鼠标即可将其去除,按快捷键 Ctrl＋D 取消选区,其效果如图 4-1-8 所示。

图　4-1-7

图　4-1-8

（4）选择"减淡工具" ，设置范围为"高光",在树叶上单击,使之更亮。选择"锐化工具" ，在树叶中拖曳,增加其对比度。选择"模糊工具" ，在湖水中拖曳,使其显柔和。效果如图 4-1-9 所示。

图　4-1-9

（5）将处理过的图像按快捷键 Ctrl＋A 全选,按快捷键 Ctrl＋C 复制,按快捷键 Ctrl＋V 粘贴到"苏州园林海报.psd"里,并将图层命名为"园林风景",如图 4-1-10 所示。

图　4-1-10

（6）选择"文件"→"打开"命令，在弹出的窗口中选择"项目四任务/任务一素材"，单击"打开"按钮，在 Photoshop 中打开"墨迹素材 1"，将其拖到"苏州园林海报.psd"里，在画布上调整合适位置，并将图层命名为"墨迹"，如图 4-1-11 所示。

图　4-1-11

（7）选择"园林风景"图层，调整图像大小，使其能完全被"墨迹"图层盖住，如图 4-1-12 所示。调整图层顺序，将该图层调整到"墨迹"图层上面，按住 Alt 键，单击两图层中间，形成剪贴蒙版，效果如图 4-1-13 所示。

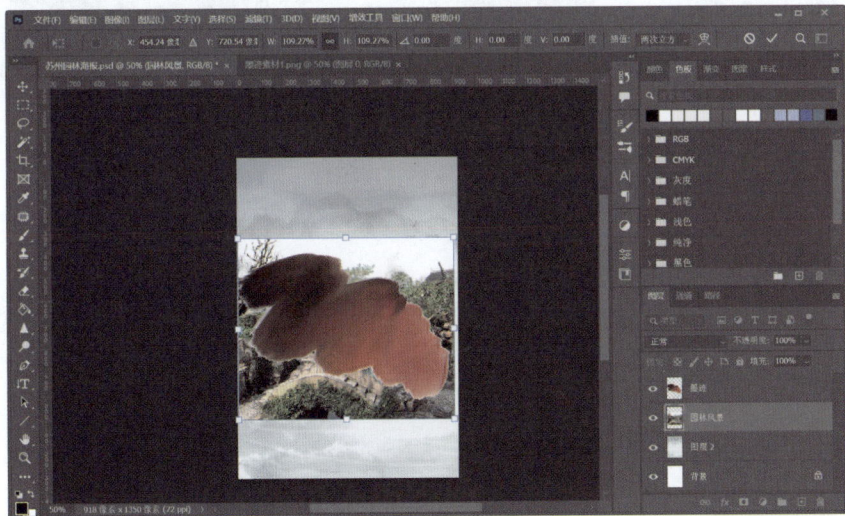

图　4-1-12

（8）选择"文件"→"打开"命令，在弹出的窗口中选择"项目四任务/任务一素材"，单击"打开"按钮，在 Photoshop 中打开"文字素材 1""文字素材 2""文字素材 3"和"印章"，将其放置在画布上的合适位置。组成的效果如图 4-1-14 所示。

提示：因为文字素材为透明背景，为防止误操作，应先将其他图层设为锁定状态。

图 4-1-13

图 4-1-14

【知识链接】

对于数码照片里的缺陷,我们可以使用 Photoshop 的图像修复工具来轻松修补,也可以使用图像修饰工具进行颜色饱和度和亮度方面的调整,而橡皮擦工具也让图像的编辑变得更加简单。

一、图像修复工具

Photoshop 中图像修复工具包含有修复工具组和仿制图章工具组,如图 4-1-15 所示。

1. "污点修复画笔工具"

使用"污点修复画笔工具"可以消除图像中的污点和某个对象。"污点修复画笔工具"不需要设置取样点,可以自动从所修饰区域的周围进行取样,选项栏如图 4-1-16 所示。

该工具提供了三种修复类型,分别是创建纹理、近似匹配和内容识别。

图 4-1-15

图　4-1-16

（1）创建纹理：使用选区内的像素创建一个用于修复该区域的纹理。

（2）近似匹配：使用选区边缘周围的像素来取样，对选区内的图像进行修复。

（3）内容识别：使用选区周围的像素进行修复，该选项为智能修复。利用该选项，可以非常方便地修复图像中小面积或线性区域的瑕疵。

利用"污点修复画笔工具"可轻松修复图像中的污点和线条，操作步骤如下：

（1）选择"污点修复画笔工具" 📷，如图 4-1-17 所示，设置画笔直径略大于要修复的区域，选择"类型"为"内容识别"，在目标处单击，即可将其修复。

（2）将直径减小，沿细线拖动鼠标，即可将其轻松去除，其效果对比如图 4-1-18 所示。

图　4-1-17　　　　　　　　　　　　　图　4-1-18

2．"修复画笔工具" 📷

"修复画笔工具"可以利用由初始取样点确定的图像或预定义的图案来修复图像中的缺陷，选项栏如图 4-1-19 所示。

图　4-1-19

（1）源：设置用于修复像素的源。选择"取样"选项时，可以使用当前图像的像素来修复图像；选择"图案"选项时，可以使用某个图案作为取样点。

（2）对齐：若选中该复选框，则采样区域仅应用一次，即使在复制的中途由于某种原因中止了操作，当再继续前面的复制操作时，仍可从中止的位置继续复制，直到再次采样。否则，每次中止操作后再继续复制时，又从初始采样点开始复制。

用"修复画笔工具"消除图片中的树，方法如下：

选择"修复画笔工具"，在"工具"选项栏中设置相应的圆形画笔，设"源"为"取样"，按 Alt 键在图 4-1-20 相应位置单击取样，然后在要修复的位置单击并拖动鼠标直至修复，效果如图 4-1-21 所示。

3．修补工具 📷

"修补工具"可以利用样本或图案修复所选图像区域中不理想的部分。与"修复画笔工具"类似，也会将样本像素的纹理、光照和阴影与源像素进行匹配。其选项栏如图 4-1-22 所示。

图 4-1-20    图 4-1-21

图 4-1-22

（1）当"修补"设为"正常"时：若选择"源"，则创建的选区为需要修复的区域，会被替换掉；若选择"目标"，则选区内对象为取样样本，释放鼠标时目标区域被替换掉。

① 打开素材图像，选择"修补工具"，沿水迹周围拖曳鼠标绘制选区。

② 在选项栏中选择"修补"类型为"源"，将鼠标指针置于选区内，向右边方向拖动，此时看到源选区的内容被替换，如图 4-1-23 所示，至适当的位置释放鼠标，即可实现替换。

图 4-1-23

（2）当选择"修补"类型为"目标"时，其过程及图像效果如图 4-1-24 所示。

（3）当选择"修补"类型为"内容识别"时，可合成附近的内容，以便与周围的内容无缝融合，如图 4-1-25 所示。

图 4-1-24    图 4-1-25

4．内容感知移动工具

使用"内容感知移动工具"，可以选择或移动图像中的一部分，图像将重新组合，留下的空洞使用图片中的匹配元素填充，选项栏如图 4-1-26 所示。

图　4-1-26

（1）模式为"扩展"：可以实现快速复制，复制后的边缘会自动柔化处理，跟周围环境融合。如果选中"投影时变换"，则选区周围会出现控点，可以进行缩放旋转。

（2）模式为"移动"：使用"移动"模式，可将对象置于不同的位置（在背景相似时最有效）。

5．红眼工具

在光线暗淡的环境中拍照时，相机闪光灯在视网膜上会导致红色反光，俗称"红眼"现象。使用"红眼工具"可以轻松将其去除，其选项栏如图 4-1-27 所示。

其中，"瞳孔大小"用于设置增大或减小受"红眼工具"影响的区域；"变暗量"用于设置校正的暗度。打开图像，选择"红眼工具"，在选项栏中设置瞳孔大小、变暗量，在瞳孔上单击即可将红眼去除，效果如图 4-1-28 所示。

图　4-1-27

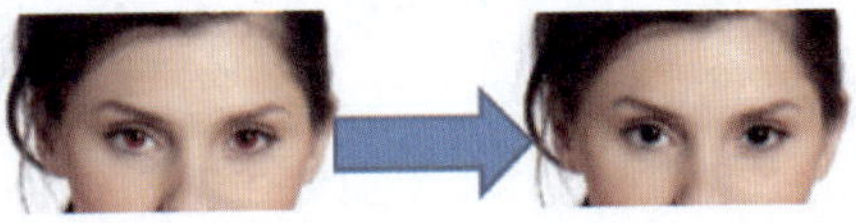

图　4-1-28

6．仿制图章工具

"仿制图章工具"以初始取样点确定的图像为复制对象，对于复制对象或修复图像中的缺陷非常有用，选项栏如图 4-1-29 所示。

图　4-1-29

打开图像"荷花.jpg"，选择"仿制图章工具"，按住 Alt 键的同时在左侧的荷花上单击取样，然后在需要复制或修复的位置上绘制，可将荷花进行复制，其效果如图 4-1-30 所示。

"仿制图章工具"是对采样点内容进行原样复制，不会将样本与所修复位置的纹理、光照和阴影进行匹配。

图　4-1-30

7．图案图章工具

"图案图章工具"可使用预设图案或自定义图案进行绘画，选项栏如图 4-1-31 所示。

图　4-1-31

下面通过一个示例来说明该工具的使用方法。

（1）打开图像"蜜蜂1.png"，如图 4-1-32 所示。选择"编辑"→"定义图案"命令，弹出"图案名称"对话框，输入图案名称"蜜蜂1"。

（2）打开图像"荷花.jpg"，选择工具箱中的"图案图章工具"，在选项栏中选择图案为"蜜蜂"，不选中"对齐"选项，在花朵左边拖曳鼠标绘制，释放鼠标再次按下时，开始绘制第二只，得到如图 4-1-33 所示效果。

图　4-1-32

图　4-1-33

二、图像修饰工具

常用的图像修饰工具组如图 4-1-34 所示。

（1）使用"模糊工具""锐化工具"和"涂抹工具"，可以对图像进行模糊、锐化和涂抹处理。

图　4-1-34

（2）使用"减淡工具""加深工具"和"海绵工具"，可以对图像局部的明暗、饱和度等进行处理。

1. 模糊工具

"模糊工具"可以柔化硬边缘或减少图像中的细节，可使粗糙的皮肤变得细腻，也可以制作景深效果，使背景变得模糊，从而突出主体，其选项栏如图 4-1-35 所示。

图　4-1-35

2. 锐化工具

"锐化工具"可以增强相邻像素之间的对比，以提高图像的对比度，选项栏如图 4-1-36 所示。它只比"模糊工具"多了"保护细节"选项，选中此选项后，在进行锐化处理时，将对图像的细节进行保护。

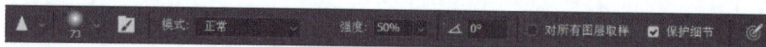

图　4-1-36

3. 涂抹工具

"涂抹工具"可以模拟手指划过湿油漆时所产生的效果，选项栏如图 4-1-37 所示。若选中"手指绘画"，则使用前景色进行涂抹，否则以落点处的颜色进行涂抹。

在"荷花.jpg"图像文件中，将荷花分别用"模糊工具""锐化工具"和"涂抹工具"进行处理，可得到不同的效果，如图 4-1-38 所示。

图 4-1-37

图 4-1-38

4. 减淡工具

"减淡工具"可对图像进行减淡处理,提高图像亮度,选项栏如图 4-1-39 所示。

图 4-1-39

(1)"范围":该下拉列表中有三个选项,选择"阴影"时,加亮的范围只局限于图像的暗部;选择"中间调"时,加亮的范围局限于图像的中间调区域;选择"高光"时,加亮的范围局限于图像的亮部。

(2)"曝光度":该数值框内的数值决定一次操作对图像的亮化程度。该数值越大,加亮效果越明显。

(3)"保护色调":选中该复选框后,对图像进行减淡操作时,可以对图像中的颜色进行保护。

5. 加深工具

"加深工具"作用与"减淡工具"相反,可对图像进行加深处理,使图像变暗,其选项栏与"减淡工具"相同,如图 4-1-40 所示。

图 4-1-40

利用"减淡工具"与"加深工具"制作立体球效果,操作步骤如下:

(1)新建背景内容为白色的图像,绘制圆形选区并填充灰色。

(2)选择工具箱中的"减淡工具",设置合适的画笔大小,范围选择"中间调",在圆形左上部单击,制作高光部分。

(3)再选择工具箱中的"加深工具",范围选择"中间调",在圆形右下部拖动鼠标绘制,制作阴影部分,得到如图 4-1-41 所示的立体球的效果。

图 4-1-41

6. 海绵工具

"海绵工具"可以更改图像中某个区域的色彩饱和度,选项栏如图 4-1-42 所示。

图　4-1-42

（1）"模式"：该下拉列表中有两个选项。选择"加色"可以增加色彩的饱和度，使图像变鲜艳；选择"去色"可以降低色彩的饱和度，使图像变灰。使用"海绵工具"实现图像加色和去色的效果如图 4-1-43 所示。

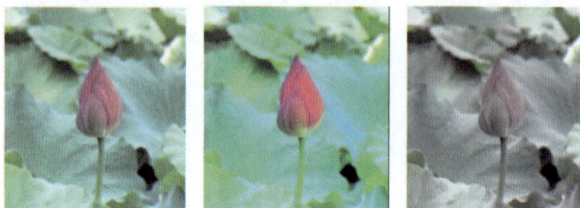

图　4-1-43

（2）"自然饱和度"：选中该选项后，可在增加饱和度的同时防止过度饱和而产生溢色现象。

三、橡皮擦工具

橡皮擦工具组主要用于擦除图像中多余的像素，常用的橡皮擦工具组如图 4-1-44 所示。

图　4-1-44

1. 橡皮擦工具

使用"橡皮擦工具"即可擦成透明或背景色，选项栏如图 4-1-45 所示。

图　4-1-45

若擦除的是背景层中的图像，则擦除位置用背景色来填充；若擦除的是普通图层中的图像，则擦除位置变为透明。

（1）"模式"：选择橡皮擦的种类。

① "画笔"模式：可创建柔边擦除效果。

② "铅笔"模式：可创建硬边擦除效果。

③ "块"模式：创建的擦除效果是具有硬边缘和固定大小的方块形状，利用该特点，可将图像放大到一定倍数，再对图像中的细微处进行修改。

（2）"抹到历史记录"：选中该复选框后，在擦除图像时，可将擦除部位恢复到"历史记录画笔的源"的状态，与"历史记录画笔工具"相同。

2. 背景橡皮擦工具

背景橡皮擦工具是一种智能化的橡皮擦，设置好前景色以后，使用该工具可以在抹除背景的同时，保护前景对象的边缘，可用于抠图处理，选项栏如图 4-1-46 所示。

（1）"取样"：用于设置取样方式。

① "连续"方式，在拖曳鼠标时可连续对颜色进行取样，凡是出现在光标中心十字线以内的图像都将被擦除。

图　4-1-46

② "一次"方式,只擦除包含第 1 次单击处颜色的图像。

③ "背景色板"方式,只擦除包含背景色的图像。

(2) "限制":设置擦除图像时的限制模式。

① 选择"不连续"模式:可擦除出现在十字光标下任何位置的样本颜色。

② 选择"连续"模式:只擦除出现在十字光标下包含样本颜色并且相连的区域。

③ 选择"查找边缘"模式:可擦除包含样本颜色的连续区域,同时更好地保留形状边缘的锐化程度。

(3) 保护前景色:可以防止擦除与前景色匹配的区域。

例如,要将如图 4-1-47 所示的图像中蜜蜂的背景去除,可使用的方法如下:

① 打开素材图像"蜜蜂.jpg",选择工具箱中的"背景橡皮擦工具",在选项栏中设置合适的画笔大小,硬度设置为 20%,选择"取样"→"一次"命令,在"限制"下拉列表框中选择"不连续","容差"设置为 45%。在图像左上角白色背景色处按住鼠标左键并向右拖动,如图 4-1-47 所示,擦除拖动范围内且与取样色在容差范围内的像素,此时"背景"图层自动转换为普通图层,擦除部分变为透明。

② 选择工具箱中的"吸管工具",按住 Alt 键在蜜蜂的白色背景处单击,设为背景色;在蜜蜂的翅膀表面单击将其设为前景。选择"背景橡皮擦工具",在选项栏中选择"取样"→"背景色板"命令,选中"保护前景色"复选框,在图像中拖动,将背景色擦除,如图 4-1-48 所示。

③ 创建新图层填充蓝色,置于当前图层的下方,会发现有残留的背景色。将图像放大,利用"橡皮擦工具"进行擦除;在靠近边缘处,设置模式为"块",如图 4-1-49 所示,将残余背景仔细擦除。

图　4-1-47　　　　　　　图　4-1-48　　　　　　　图　4-1-49

提示:在整个过程中发现某处擦除过头了,通过"历史记录"面板不可撤销,可以在使用"橡皮擦工具"时,选项栏中选中"抹到历史记录",在相应位置绘制进行恢复。

3. 魔术橡皮擦工具

使用"魔术橡皮擦工具"在图像中单击,可以将所有与落点处颜色在容差范围内的像素擦除成透明,使背景层自动转为普通层,其选项栏如图 4-1-50 所示。与"魔棒工具" 相似,只是"魔棒工具"用来选择图像中颜色相近的像素,而"魔术橡皮擦工具"则用来擦除图像中颜色相近的像素。

图 4-1-50

以上实例,也可以使用"魔术橡皮擦工具",设置合适的容差,在背景颜色上单击,即可轻松去除背景色。

任务二　制作"园林四季"陶瓷笔筒

【任务描述】

苏州园林的景色,四季各不相同。春天,园内百花盛开,姹紫嫣红,一片生机勃勃;夏天,绿树成荫,荷香四溢,给人带来一丝清凉;秋天,枫叶如火,菊花绽放,满园金黄,美不胜收;冬天,白雪皑皑,银装素裹,别有一番景致。苏州园林在每个季节都有不同的韵味,不同的色彩和气息。每个季节的景观变化,让人感到常看常新,永远不会厌倦。

任务素材

通过本任务——制作"园林四季"陶瓷笔筒,引导学生掌握使用色阶来调整数码照片的色调和色彩等操作方法。

【任务实施】

一、新建文件

(1)双击桌面图标,启动 Photoshop CC 2022。

(2)在欢迎界面单击"新建"按钮,如图 4-2-1 所示,弹出"新建文件"窗口,在窗口中设置文件名为"园林四季",参数设置为:宽度 1300 像素、高度 731 像素、分辨率 72 像素/英寸,单击"创建"按钮,新建文件,如图 4-2-2 所示。

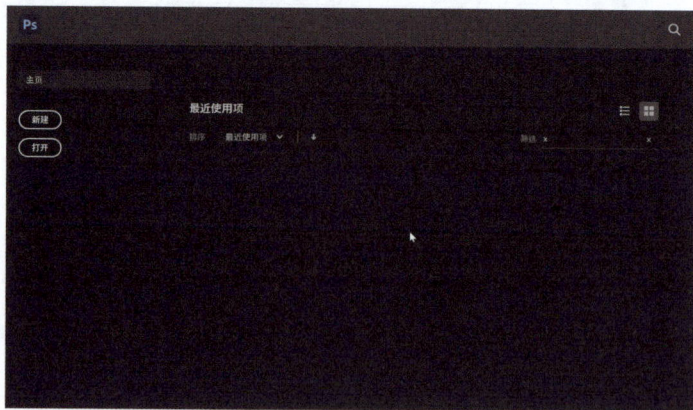

图 4-2-1

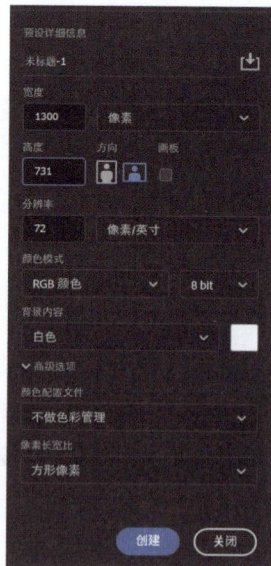

图 4-2-2

二、风景图片调色处理

（1）打开准备制作海报的四张风景照片："春园.jpg""夏园.jpg""秋园.jpg""冬园.jpg"。

（2）单击"春园.jpg"，使其成为当前打开文件，效果如图 4-2-3 所示。选择"图像"→"调整"→"色阶"命令，弹出"色阶"对话框，如图 4-2-4 所示。

图 4-2-3

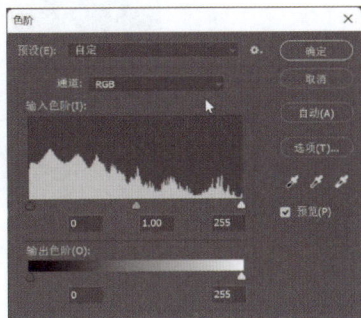

图 4-2-4

（3）通过色阶中的直方图，发现照片暗部的像素偏多，整体发暗，利用色阶中的滑块进行调整。拖动"输入色阶"的右侧白色滑块，高光区域发生变化，调整后的"色阶"对话框如图 4-2-5 所示，图像显示如图 4-2-6 所示，相比之前整体变亮了。选择"文件"→"存储"命令，保存修改。

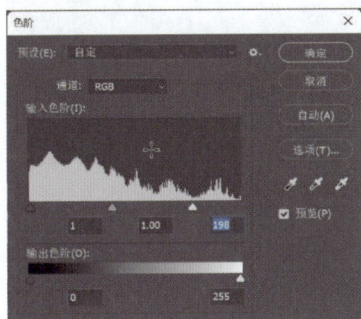

图 4-2-5

图 4-2-6

（4）单击"夏园.jpg"，使其成为当前打开文件，效果如图 4-2-7 所示。发现天空的云彩有些暗，用"快速选取工具" ，在上面的天空处选择，建立的选区如图 4-2-8 所示。选择"图像"→"调整"→"色阶"命令，弹出"色阶"对话框，如图 4-2-9 所示。

图 4-2-7

图 4-2-8

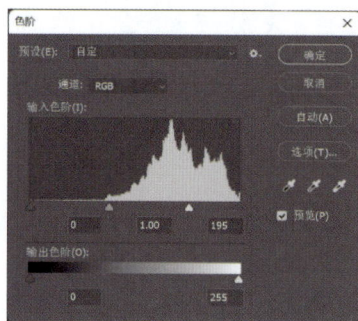

图　4-2-9

（5）利用色阶中的滑块进行调整。拖动"输入色阶"的右侧白色滑块,高光区域发生变化,调整后的"色阶"对话框如图 4-2-10 所示,图像显示如图 4-2-11 所示,选区中的区域变亮了。选择"文件"→"存储"命令,保存修改。

图　4-2-10　　　　　　　　　　图　4-2-11

（6）选择"秋园.jpg",使其成为当前打开文件,效果如图 4-2-12 所示。选择"图像"→"调整"→"色阶"命令,弹出"色阶"对话框,如图 4-2-13 所示。

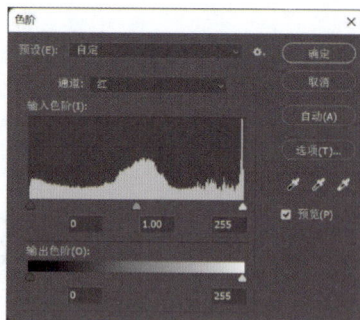

图　4-2-12　　　　　　　　　　图　4-2-13

（7）图片中的秋色有些淡,通过调整图像"色阶"面板中的红通道中右侧红色滑块和蓝通道左侧黄色滑块,分别如图 4-2-14、图 4-2-15 所示,可以增加图像的金黄色,效果如图 4-2-16所示,保存修改。

图　4-2-14　　　　　　　　　　　图　4-2-15

图　4-2-16

（8）打开"冬园.jpg"，如图 4-2-17 所示。选择"图像"→"调整"→"色阶"命令，弹出"色阶"对话框，如图 4-2-18 所示。

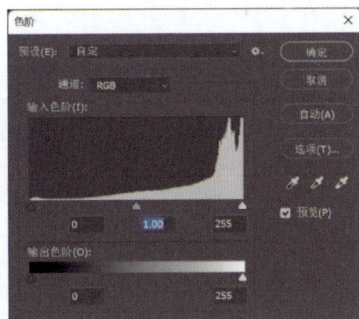

图　4-2-17　　　　　　　　　　　图　4-2-18

（9）图片感觉曝光过度，通过图像"色阶"面板中的中间灰色滑块来进行调整，如图 4-2-19 所示，以使中间亮度的区域发生变化，效果如图 4-2-20 所示。选择"文件"→"存储"命令，保存修改。

三、图片合成

（1）单击"园林四季"，使其成为当前文件，将前面保存好的四张图像分别拖到该文件下，调整位置及大小，效果如图 4-2-21 所示。

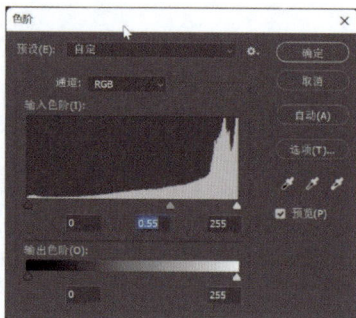

图　4-2-19

图　4-2-20

图　4-2-21

（2）打开素材文件"苏州印章.png"，将其拖放到海报的中间，并在四个角上分别输入"春""夏""秋""冬"，设置图层样式为斜面浮雕、投影、描边。完成后的效果如图 4-2-22 所示，将其保存为"园林四季.jpg"。

图　4-2-22

四、笔筒贴图合成

（1）选择"文件"→"打开"命令，打开如图 4-2-23 所示对话框，在素材文件夹中选择素材文件"笔筒.png"，如图 4-2-24 所示。

（2）调整笔筒素材，添加背景为白色，按快捷键 Ctrl＋J 进行图层复制，将笔筒的拷贝图层作为当前图层，分别选择"减淡工具" ，"加深工具" ，在笔筒的顶端及底部进行涂抹，使其呈现立体效果，如图 4-2-25 所示。

图　4-2-23

图　4-2-24

图　4-2-25

（3）选择"椭圆选框工具"，并设定羽化值为 20 像素，在笔筒上绘制椭圆，进行选区变换后如图 4-2-26 所示。设定前景色为♯9f9a9a，按快捷键 Alt＋Delete 进行颜色填充，调整位置，效果如图 4-2-27 所示。

图　4-2-26

图　4-2-27

（4）利用"移动工具" ，将"园林四季.jpg"文件拖到修改后的笔筒文件中，如图 4-2-28所示。按快捷键 Ctrl＋T 进行尺寸大小调整，右击，然后在弹出的快捷菜单中选择"变形"命令，进行形状调整，如图 4-2-29 所示。

（5）调整后的效果如图 4-2-30 所示。为了让贴图的效果自然一些，选择"正片叠底"图层混合方式和降低图层透明度的方法进行设置，效果如图 4-2-31 所示。

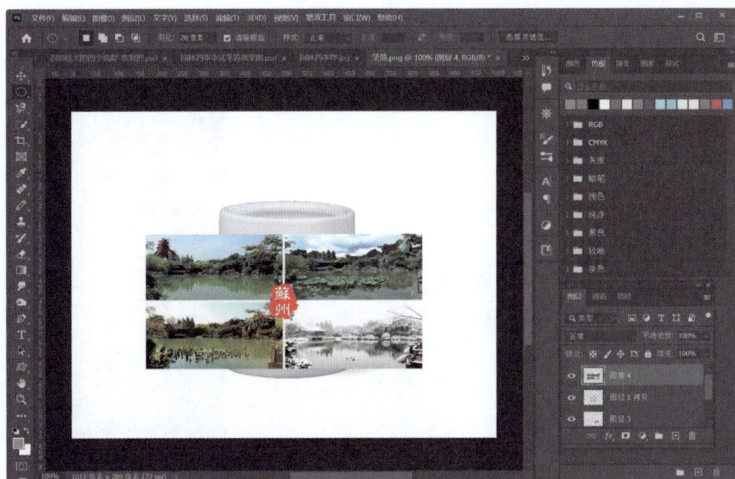

图 4-2-28

图 4-2-29

图 4-2-30

图　4-2-31

【知识链接】

一、数码照片调色基本常识

1. 认识颜色

颜色是通过眼、脑和我们的生活经验所产生的一种对光的视觉效应。人们为方便描述数字图像中的颜色，建立了不同的颜色模型，如 RGB、CMYK、HSB 等。其中，HSB 模型以人类对颜色的感觉为基础，描述了颜色的 3 种基本特性，即色相（H）、饱和度（S）、明度（B），也称为颜色的三要素。HSB 颜色模型如图 4-2-32 所示。

（1）色相：颜色的相貌，是反射自物体或投射自物体的颜色，用颜色名称标识，如红色、橙色、绿色。

（2）饱和度：又称纯度，指色彩的鲜艳程度。

（3）明度：色彩的明暗程度，又称亮度。

通常可以从色相、明度、纯度、冷暖四个方面来定义一幅作品的色调。比如，偏黄或偏蓝，偏冷或偏暖，偏明或偏暗。

不同的光照和环境，拍摄的照片会产生某种偏色现象。比如，黄昏夕阳下会偏红，大海边会偏蓝；但有时也会特意调出某种色调，比如怀

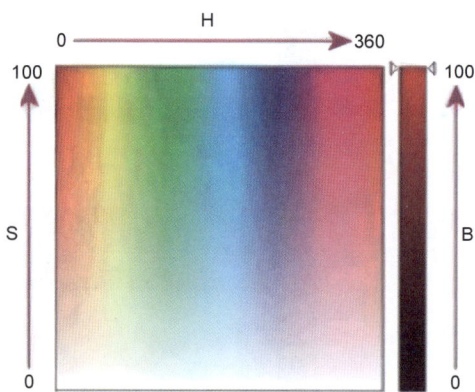

图　4-2-32

旧复古的暗色调、神秘的蓝紫色调、唯美的金秋黄色调、浪漫的粉色调等。

2. 直方图

直方图用图形表示图像中每个亮度级别的像素数量，为色调调整和颜色校正提供依据。在 Photoshop 中通过选择"窗口"→"直方图"命令打开"直方图"面板，如图 4-2-33 所示，可以直观地查看图像的色调分布情况。

图　4-2-33

在直方图中,横坐标为0~255,表示色阶即亮度(最左边为0,最暗,代表黑色;中间是中间色,也就是各级灰色;最右边为255,最亮,代表白色)。纵坐标表示对应色阶处的像素数,取值越大表示在这个色阶的像素越多。将鼠标置于直方图上,会动态显示当前所处的色阶及对应的像素数量。

通过直方图,可以迅速掌握图像或选区的色调分布情况:若直方图的波峰在中部,表示图像的中间调像素较多,如图4-2-34所示;波峰偏左,表示图像暗部像素较多,图像偏暗,如图4-2-35所示;若波峰偏右,表示图像的高光部分像素较多,图像较亮,如图4-2-36所示。

图　4-2-34

图　4-2-35

图　4-2-36

通过直方图,还可以掌握照片存在的曝光问题。

(1)若直方图左侧溢出,暗部细节损失较大,而右侧没有像素,说明亮度不足,一般属于曝光不足,如图 4-2-37 所示。

(2)若直方图右侧溢出,亮度细节损失较大,而左侧像素较少,属于曝光过度,如图 4-2-38 所示。

图　4-2-37

图　4-2-38

(3)直方图两侧较大范围内都没有像素,表示照片对比度低,图像灰蒙蒙的,如图 4-2-39 所示。

(4)若直方图两侧都有溢出,表示图像对比度过高,也会损失暗部或亮部的细节,如图 4-2-40 所示。

图　4-2-39

图　4-2-40

3. 实现图像色彩色调的快速调整

曝光不足或过暗的图像可采用"滤色"模式;曝光过度或过亮的图像可采用"正片叠底"模式;对比度缺乏的图像可采用"叠加"模式。

二、调整图像色调

所谓的色调,主要指图像的明暗。要实现图像色彩色调的精确调整,可使用菜单下的"图像"→"调整"命令或调整层进行调整。

添加调整层后,自动打开相应的调整属性面板,面板组成如图 4-2-41 所示。

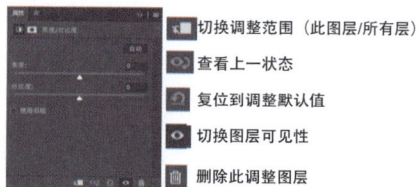

图　4-2-41

1. 亮度/对比度

使用"亮度/对比度"命令可以很方便地调整图像的亮度和对比度。具体操作方法如下:

（1）打开图像"芽.jpg"，通过直方图分析，暗部像素较多且对比度较大，调整时应降低对比度，适当提高亮度。

（2）在图像窗口中绘制一个椭圆选区，大致选取图像中的芽，按快捷键 Ctrl＋J 复制生成新图层；单击"调整"面板中的"创建新的亮度/对比度调整图层"按钮，如图 4-2-42 所示。"属性"面板中显示"亮度/对比度"的属性，单击"自动"按钮，系统自动进行设置；继续调整加大"亮度"，降低"对比度"，其参数如图 4-2-43 所示，查看此时图像的状态。

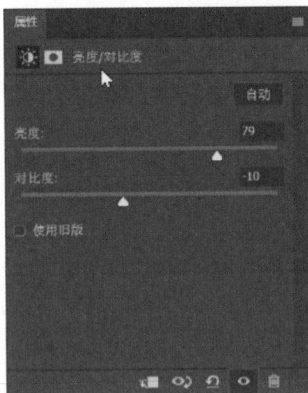

图　4-2-42　　　　　　　　　　图　4-2-43

（3）单击"属性"面板底部的第一个按钮 ▣（单击可剪切到图层，单击后该按钮图标变为 ▣），设置后的图像效果如图 4-2-44 所示；分别单击面板中的其余按钮，体会每个按钮的作用。

图　4-2-44

2. 色阶

"色阶"命令是一个非常强大的颜色和色调调整命令，可以对图像的阴影、中间调和高光进行调整，从而校正图像的色调及色彩平衡，还可以对单个通道进行调整，以校正图像的色彩。具体操作方法如下：

打开图像"风景.jpg",如图 4-2-45 所示。选择"图像"→"调整"→"色阶"命令(快捷键 Ctrl+L),在弹出的"色阶"对话框中进行设置,如图 4-2-46 所示。

方法一:利用三个滑块调整。拖动"输入色阶"的左侧黑色滑块至直方图波形左端,图像的暗部色调变暗;拖动白色滑块,高光区域发生变化;拖动中间的灰色滑块,中间亮度的区域发生变化,调整后的效果如图 4-2-47 所示。

方法二:利用三个吸管调整。选择对话框中的黑色吸管 ,在图像中最暗的区域(如树干等处)单击,以确定黑场;在图像中最亮的区域单击,以确定白场;选择灰色吸管 ,在图像的中间亮度的位置单击,以确定灰场;用三个吸管分别进行调整,观察图像发生的色调或色彩的变化,对效果满意时单击"确定"按钮。

图　4-2-45

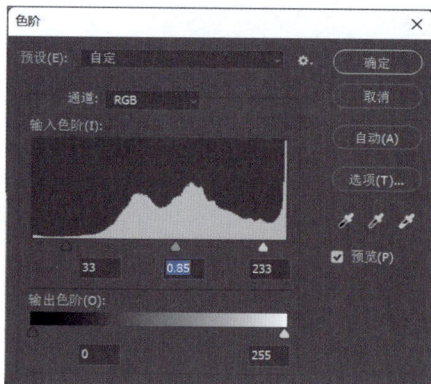

图　4-2-46

图　4-2-47

如图 4-2-46 所示,"色阶"对话框中的各项功能介绍如下。

(1) 通道:可以选择一个通道来对图像进行调整,以校正图像的颜色。

(2) 输入色阶:可以通过拖动三个滑块来调整图像的阴影、中间调和高光,也可以在对应的输入框中输入数值。向左拖动,可使图像变亮;向右拖动,可使图像变暗。

(3) 输出色阶:设置图像的亮度范围,从而降低图像对比度。

(4) 黑色吸管 :名为"在图像中取样以设置黑场",使用该吸管在图像中单击取样,可以将单击处的像素调整为黑色,同时图像中比单击点暗的像素也会变成黑色。

(5) 灰色吸管 :名为"在图像中取样以设置灰场",使用该吸管在图像中单击取样,可以根据该点的亮度来调整其他中间调的亮度,主要用于颜色校正,一般用于不需要大调整和具有可轻易识别的中性色的图像中。

(6) 白色吸管 :名为"在图像中取样以设置白场",使用该吸管在图像中单击取样,可以将单击处的像素调整为白色,同时图像中比单击点亮的像素也会变成白色。

(7) 自动:单击该按钮,会自动调整图像色阶,使亮度分布更均匀。

3. 曲线

"曲线"命令具备最强大的调整颜色和色调功能,也是使用最频繁的调整命令之一,通过调整曲线的形状,可以对图像的色调进行精确的调整。

打开"樱花.jpg",如图 4-2-48 所示。利用"曲线"命令将画面调整为红色色调,如图 4-2-49 所示。

图　4-2-48

图　4-2-49

具体操作方法如下:

(1) 打开图像"樱花.jpg",单击"图层"面板底部的"创建新的填充或调整图层"按钮 ⬛,从弹出的列表菜单中选择"曲线"选项,自动打开"曲线"面板。

(2) 从"预设"下拉列表中选择"变暗"选项,增大图像对比度,如图 4-2-50 所示。从"通道"列表中选择"红"通道,在面板左侧工具中选择"编辑点以修改曲线"按钮 ⬛ ,在曲线上单击并向上拖动,使之向左上方弯曲,使红色变亮,如图 4-2-51 所示。

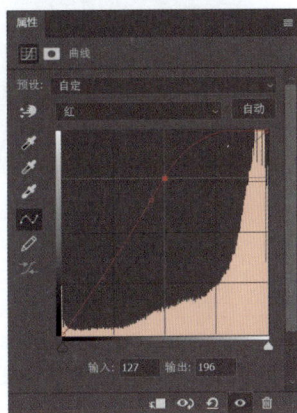

图　4-2-50　　　　　　　　　　　图　4-2-51

在"曲线"调整中,曲线的横轴代表输入色阶(原始图像的亮度值),纵轴代表输出色阶(调整后的亮度值)。通过拖动曲线上的点,可以实现对图像的局部或整体调整。

在向线条添加控制点并移动或在文本框中输入数值时,曲线的形状会发生更改,图像被调整。对于 RGB 图像,向左向上拖动,会使图像变亮;向右向下拖动,会使图像变暗。

曲线中较陡的区域,表示对比度较强。

三个吸管工具的使用方法与"色阶"命令相同。

注意:吸管工具会还原之前的设置,因此,如果打算使用吸管工具,应先使用它们,再用"色阶"滑块或"曲线"点进行微调。

4. 阴影/高光

使用"阴影/高光"命令可基于阴影和高光中局部相邻的像素来校正每个像素。在调整阴影区时,对高光影响很小,而在调整高光区时,对阴影影响很小。该命令可快速调整图像曝光过度或曝光不足的区域的对比度,同时保持照片色彩的平衡。

打开"雪山.jpg"文件,如图 4-2-52 所示。利用"阴影/高光"命令将黑暗里的细节显示出来,如图 4-2-53 所示。

图　4-2-52   图　4-2-53

具体操作方法如下:

(1)打开"雪山.jpg"文件,选择"图像"→"调整阴影/高光"命令打开对话框。

(2)分别调整"阴影"和"高光"的"数量"滑块,如图 4-2-54 所示。

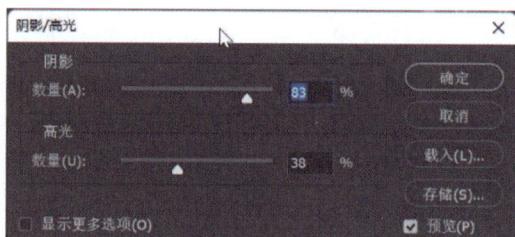

图　4-2-54

三、调整图像色彩

1.自然饱和度

使用"自然饱和度"命令可快速调整图像饱和度,并且可以在增加饱和度的同时有效地控制颜色过于饱和而溢色,对于调整人像非常有用,可防止肤色过度饱和。

对于一些风景图片,适当增加自然饱和度更能有效避免色彩过于饱和。使用自然饱和度调整时,可以更好地保护图片细节,避免高饱和度颜色的细节丢失。

打开"笑脸.jpg"文件,如图 4-2-55 所示。提高其颜色饱和度,效果如图 4-2-56 所示。

图　4-2-55   图　4-2-56

具体操作方法如下:

(1)打开素材图像"笑脸.jpg",选择菜单栏中的"图像"→"调整"→"自然饱和度"命令,打开"自然饱和度"对话框。

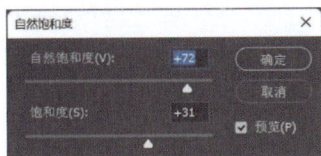

图 4-2-57

（2）分别拖动"自然饱和度"和"饱和度"的滑块，如图 4-2-57 所示。发现男孩的皮肤、衣物和苹果等的颜色变得鲜艳，而没有改变为其他颜色。

2. 色相/饱和度

使用"色相/饱和度"命令可以调整整个图像或单个颜色分量的色相、饱和度和亮度值。

打开"风车.jpg"文件，如图 4-2-58 所示。提高其颜色饱和度，效果如图 4-2-59 所示。

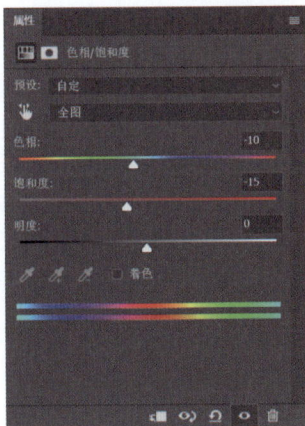

图 4-2-58

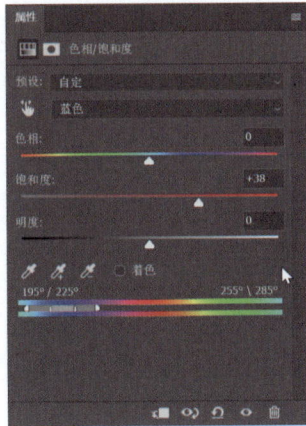

图 4-2-59

具体操作方法如下：

（1）打开图像"风车.jpg"，选择"图像"→"调整"→"色相饱和度"命令（快捷键 Ctrl＋U），打开"色相/饱和度"对话框；或者单击"调整"面板中的"创建新的色相/饱和度调整图层"按钮，在"属性"面板中显示"色相/饱和度"选项，分别拖动"色相""饱和度""明度"滑块，调至向日葵颜色变为深黄色，参数设置如图 4-2-60 所示。

（2）单击"属性"面板中的按钮，在天空处单击并向右拖动，增加天空颜色范围的饱和度，此时"属性"面板中自动由"全图"改为"蓝色"，各参数设置如图 4-2-61 所示。

图 4-2-60

图 4-2-61

① 着色：对彩色图会创建单色调效果，也可用于对灰度图着色。

② 通道："通道"下拉列表，可以选择全图，也可红色、黄色、绿色、青色、蓝色和洋红分别进行调整。

在图像上单击按钮并拖动可以改变饱和度，按住 Ctrl 键单击可改变色相。

3. 色彩平衡

使用"色彩平衡"命令可以单独对图像的阴影、中间调或高光区域进行色彩调整，从而改变图像的整体色彩，可用于偏色校正。

选中"保持明度"选项，保持图像色调不变，防止亮度值随颜色的改变而改变。

打开"秋叶.jpg"文件，如图 4-2-62 所示。在图像中逐渐增加黄色和红色，让叶子由绿变黄绿直至金黄色，效果分别如图 4-2-63 和图 4-2-64 所示。

图　4-2-62　　　　　　　图　4-2-63　　　　　　　图　4-2-64

具体操作方法如下：

（1）打开素材图像"秋.jpg"，添加"色彩平衡"调整层。

（2）在"色调"下拉列表中选择"中间调"，如图 4-2-65 所示，将滑块拖向要在图像中增加的红色和黄色；在"色调"下拉列表中选择"阴影"，如图 4-2-66 所示，再次拖动滑块增加红色和黄色参数，此时图像中原来黄绿色的枫叶变成绚丽的金黄色。

提示：选中"保留明度"复选框，可保持图像色调不变，防止亮度值随颜色的改变而改变。

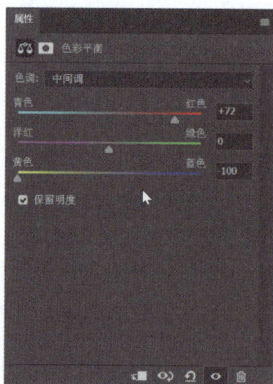 

图　4-2-65　　　　　　　　　　　　图　4-2-66

4. 照片滤镜

"照片滤镜"命令通过模拟传统光学滤镜特效，使照片呈现暖色调、冷色调及其他色调。

打开"秋叶.jpg"文件，直接用照片滤镜让照片呈现暖色调。具体操作方法如下：

（1）打开素材文件，如图 4-2-67 所示，选择"图像"→"调整"→"照片滤镜"命令，弹出"照片滤镜"对话框。

（2）从"照片滤镜"下拉列表框中选择一种预设，调整"密度"，参数设置及效果分别如图 4-2-68 和图 4-2-69 所示。

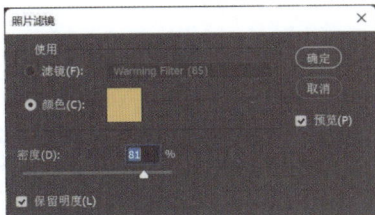

图　4-2-67　　　　　　　　图　4-2-68　　　　　　　　图　4-2-69

5. 替换颜色

"替换颜色"命令可将图像中的指定颜色通过更改选定颜色的色相、饱和度和明度替换为新的颜色值。该命令用来替换颜色时较为方便，但不够精确，若要实现颜色的精准替换，可配合选区或蒙版。

打开"樱花.jpg"文件，如图 4-2-70 所示，直接用"替换颜色"命令让照片中花朵颜色加深。

具体操作方法如下：

（1）打开素材图像"樱花.jpg"，选择"图像"→"调整"→"替换颜色"命令，弹出"替换颜色"对话框。

（2）用"吸管工具"在图像中花瓣上单击，同时在选区缩略图中会显示出选中的颜色区域（白色表示选中，黑色表示未选中），并用"加色吸管"和"减色吸管"进行调整，直至要调整的颜色全部选中。

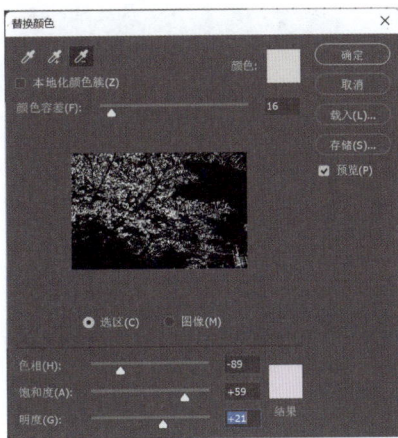

图　4-2-70

（3）在对话框下方拖动各滑块，调整"色相""饱和度""明度"，完成后单击"确定"按钮，此时花瓣的颜色变深一些，效果及参数设置分别如图 4-2-71 和图 4-2-72 所示。

图　4-2-71　　　　　　　　　　　图　4-2-72

6. 可选颜色

"可选颜色"命令可以调整单个颜色分量的印刷色数量,可以有选择地修改任何主要颜色中的印刷色数量,并且不会影响到其他主要颜色。

打开"秋叶.jpg"文件,如图 4-2-73 所示。使用"可选颜色"命令让叶子由绿色变成金黄色,具体操作方法如下:

(1) 打开素材图像"秋叶.jpg",并打开"属性"调整面板,如图 4-2-74 所示。

(2) 在"颜色"下拉列表中选择"黄色",向左拖动"青色"滑块,绿色的叶枫变黄,而其他颜色没有发生变化;再向右拖动"洋红"滑块,枫叶呈现金黄色,如图 4-2-75 所示。

图 4-2-73

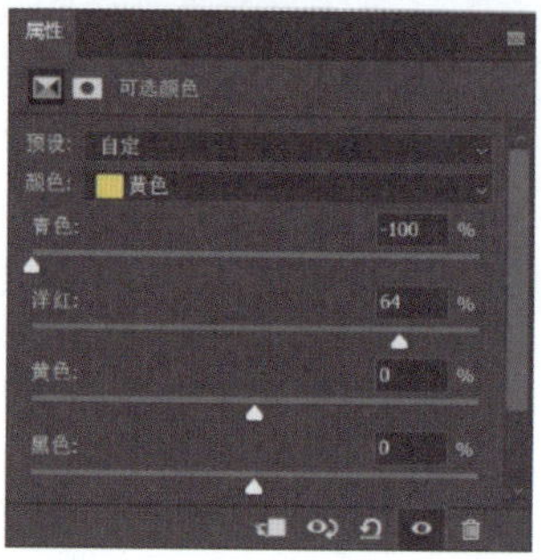

图 4-2-74

图 4-2-75

7. 通道混合器

"通道混合器"命令可以对图像的各单色通道分别进行调整,并混合到复合通道中,以创建出各种不同色调的图像,也可以用来创建高品质的灰度图像。

打开"秋叶.jpg"文件,使用"通道混合器"命令让叶子由绿色变成金黄色,具体操作方法如下:

(1) 打开素材图像"秋.jpg",添加"通道混合器"调整图层。

(2) 在其"属性"面板中,在"输出通道"下拉列表框中选择"红"(向右拖动"绿色"滑块增加绿色,向左拖动"蓝色"滑块减少蓝色,也可以得到枫叶正红的效果),如图 4-2-76 所示。最终得到的效果如图 4-2-77 所示。

图 4-2-76

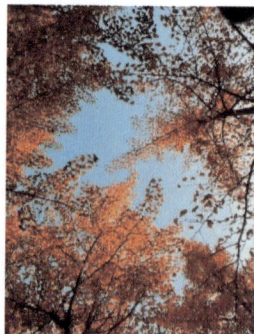
图 4-2-77

"属性"面板主要选项介绍如下。

• "输出通道":在下拉列表中选择要调整的颜色通道,在"源通道"区域设置各种颜色值,图像颜色会发生相应变化。

- "常数":用于调整输出通道的灰度值。正值可以在通道中增加白色,负值可在通道中增加黑色。
- "单色":选中该复选框后,彩色图像将变成灰度图像。注意,图像的颜色模式并未改变,只是"输出通道"中只有一个"灰色"通道。

四、特殊色彩色调控制

在图像菜单下,还有一部分命令能够调整出特殊的色调,主要有去色、黑白、反相、色调均化、阈值、渐变映射等。

1. 去色

"去色"命令可以将图像中的颜色去掉,使其成为灰度图,该命令无须设置。具体操作方法如下:

打开素材图像"笑脸.jpg",如图 4-2-78 所示。选择"图像"→"调整"→"去色"命令(快捷键 Shift+Ctrl+U),即可将图像调整为如图 4-2-79 所示的灰度效果。

图　4-2-78　　　　　　　　　　图　4-2-79

2. 黑白

使用"黑白"命令可以将彩色图像转化为灰度图像,也可将图像调整为单一色彩的彩色图像。具体操作方法如下:打开图像"笑脸.jpg",选择"图像"→"调整"→"黑白"命令,打开"黑白"对话框;单击"自动"按钮,查看图像变化;然后拖动各颜色滑块,按图 4-2-80 所示进行设置,可得到如图 4-2-81 所示的效果。

"黑白"对话框主要选项介绍如下。

- "预设":该下拉列表框用于选择预定义的灰度混合模式,若选择"默认值",则图像效果与执行"去色"命令相同。
- "自动":单击该按钮后一般会产生极佳的效果,并可以此作为使用颜色滑块调整灰度值的起点。
- 各颜色滑块:用于调整图像中特定颜色的灰度级。
- "色调":若选中该复选框,则其右侧的"色板"按钮会被激活,可打开"拾色器"选择某种颜色,将图像调整为具有单一色彩的彩色图像。

3. 反相

"反相"命令可以将图像中所有像素的颜色变成其互补色,产生照相底片的效果。连续执行两次"反相"命令,图像将还原。具体操作方法如下:打开图像"笑脸.jpg",将其反相,选择"图像"→"调整"→"反相"命令或按快捷键 Ctrl+I 后,图像即转变成负片效果,如图 4-2-82 所示。

图　4-2-80

图　4-2-81

4．色调均化

"色调均化"命令可以减少图像色彩的色调数，产生色调分离的特殊效果。

具体操作方法如下：打开图像，选择"图像"→"调整"→"色调分离"命令，打开"色调分离"对话框，如图 4-2-83 所示，设置后得到色调分离的效果，如图 4-2-84 所示。

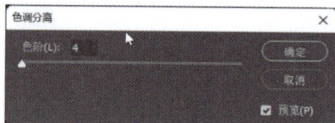

图　4-2-82

图　4-2-83

图　4-2-84

图像色彩的色调数由"色阶"值控制，"色阶"值越小，图像变化越剧烈，图像中的色块效应越明显。

5．阈值

"阈值"命令可以将灰度图像或彩色图像变成只有黑、白两种色调的图像。

具体操作方法如下：打开图像"笑脸.jpg"；选择"图像"→"调整"→"阈值"命令，打开"阈值"对话框，设置阈值色阶，如图 4-2-85 所示得到的是只有黑、白两种色调的图像，如图 4-2-86 所示。

该命令会根据图像像素的亮度值把它们一分为二，一部分用白色来表示，另一部分用黑色来表示。"阈值色阶"的值越大，黑色像素分布越广；反之，白色像素分布越广。

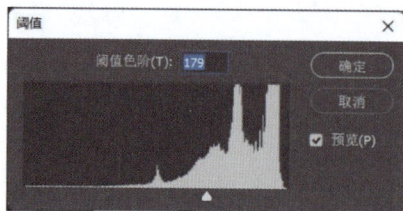

图　4-2-85

图　4-2-86

6. 渐变映射

"渐变映射"命令可以将渐变色映射到图像上,在映射过程中,先将图像转换为灰度图,然后将相等的灰度范围映射到指定的渐变填充色。

具体操作方法如下:打开图像"笑脸.jpg",选择"图像"→"调整"→"渐变映射"命令,打开"渐变映射"对话框,如图 4-2-87 所示。

单击"灰度映射所用的渐变",在打开的"渐变编辑器"对话框中设置两个渐变色标,从左到右分别是 GRB(232,40,149)和 GRB(254,254,254),设置完成后,原图变为粉色调,如图 4-2-88 所示。

图　4-2-87

图　4-2-88

7. HDR 色调

HDR(high dynamic range)是一种高动态范围成像技术。该命令可使亮的地方非常亮,暗的地方非常暗,且亮、暗部的细节都很明显。可以使用该命令修补过亮或过暗的图像,尤其是对于处理风景图像非常有用。

具体操作方法如下:打开图像"水乡.jpg",如图 4-2-89 所示;选择"图像"→"调整"→"HDR 色调"命令,打开"HDR 色调"对话框;设置边缘光、高级等选项,会发现图

图　4-2-89

像变得非常清晰,水更清,天更亮了,参数设置及效果分别如图 4-2-90 和图 4-2-91 所示。

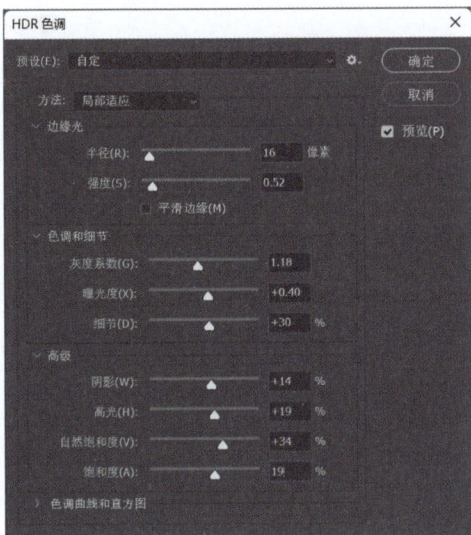

图　4-2-90

图　4-2-91

项目测试

一、选择题

1. 在 Photoshop CC 中,可利用图层混合模式调整照片的色彩色调,若照片曝光不足或过暗,采用的图层混合模式是(　　)。

　　A. 滤色　　　　　　　　B. 正片叠底　　　　　C. 叠加　　　　　　　D. 强光

2. 下列图层的混合模式中,功能相近的一组是(　　)。

　　A. 正片叠底和溶解　　　　　　　　B. 正片叠底和滤色

　　C. 正片叠底和柔光　　　　　　　　D. 正片叠底和线性加深

3. 在 Photoshop CC 中,图层样式效果中不包括(　　)。

　　A. 投影　　　　　　　　　　　　　B. 斜面和浮雕

　　C. 颜色叠加　　　　　　　　　　　D. 照片滤镜

4. 在 Photoshop CC 中,只包含一些图层的样式,而不包含任何图像信息的图层是(　　)。

　　A. 调整图层　　　　B. 文本图层　　　　C. 效果图层　　　　D. 形状图层

5. 对偏绿的图片进行颜色校正时,使用 Photoshop CC 的"色彩平衡"命令给图片增加(　　)。

　　A. 洋红　　　　　　B. 黄色　　　　　　C. 青色　　　　　　D. 蓝色

二、简答题

1. Photoshop CC 中颜色的三要素是什么?分别代表什么含义?

2. 简述使用"仿制图章工具"和"修复画笔工具"修复图像的区别。

三、案例分析题

学校要举行摄影比赛,林峰想参加,在拍摄了一些照片后,他发现一些问题:有的照片太亮,而有的太暗或者太灰了,但他不知道如何进行后期调整,请你帮助他解决一下吧。

(1) 通过什么办法可以有效判断照片出现的问题?请利用所学知识帮助林峰同学来解决一下。

(2) 如果照片曝光不足,用什么方法可以补救?请写出具体步骤。

四、综合应用题

请根据所提供的素材写出制作"梦里水乡"主题宣传画的步骤。要求:图像尺寸为 640×480 像素,分辨率为 72PPI,保存文件名为"梦里水乡"的 PSD 格式文件。素材 01、素材 02 及效果图分别如图 4-1、图 4-2、图 4-3 所示。

项目素材

图 4-1　　　　　　　　　图 4-2　　　　　　　　　图 4-3

提示:

(1) 素材 01 要用"HDR 色调"命令进行色调调整。

（2）素材 01 需用图像修复工具进行画面上部电线杆的清除。

五、技能操作题

请根据提供素材 01、素材 02、素材 03、素材 04（分别如图 4-4、图 4-5、图 4-6、图 4-7 所示）完成上机操作，要求如下：

（1）新建大小为 800×400 像素，分辨率为 72PPI，文件名为"青岛四季"，颜色模式为 RGB 的文件。

（2）查看 4 个素材的直方图，找到问题并用"色阶"完成色彩色调的调整。

（3）利用蒙版，最终将素材合成为图 4-3-8 所示的效果。

（4）保存文件格式为 JPG，文件名为"青岛四季"。

图 4-4

图 4-5

图 4-6

图 4-7

图 4-8

项目评价

知 识 技 能	了 解	基本掌握	熟练掌握
图像修复工具	☆☆☆	☆☆☆	☆☆☆
图像色调调整	☆☆☆	☆☆☆	☆☆☆
图像色彩调整	☆☆☆	☆☆☆	☆☆☆
综 合 素 养	自 评		互 评
请从以下方面进行评价。 1. 是否了解中国园林艺术，能否准确表达传统文化的精髓和魅力。 2. 任务作品的完成度与完整性。 3. 操作过程中是否有良好的工作习惯。			

项目五

通　道

知识目标

1. 了解通道的基本概念。
2. 理解颜色通道的作用和基本操作。
3. 理解专色通道的作用和基本操作。
4. 理解 Alpha 通道的作用和基本操作。

技能目标

1. 掌握通道的分类。
2. 掌握通道面板的基本操作。
3. 掌握创建、存储、复制、分离、合并通道的基本操作。

项目情境

中国传统服饰源远流长，博大精深，是中华文明的重要组成部分。自古以来，服饰不仅是人们日常生活的必需品，更是社会地位、身份象征和审美观念的体现。从古代的袍服、裳裙，到近世的马褂、旗袍，中国传统服饰以独特的款式、精湛的工艺和丰富的文化内涵，赢得了世界的赞誉。

在本项目中，我们将中国传统服饰与通道技术完美结合，主要学习通道的基本概念、分类及作用，掌握通道面板的基本操作以及通道的各种编辑技巧。通过三个实践任务：更换"中式婚纱背景图"、制作"汉服纹理效果"和制作"紫色旗袍印刷图"，我们将把理论知识与实际操作紧密结合，共同探索中国传统服饰在数字艺术领域的无限可能。

通过 Photoshop 通道技术，不仅能够还原中国传统服饰的精美细节，还能赋予它们新的生命力和创意表达。

项目分解

本项目包含以下三个任务。

任务一　更换"中式婚纱背景图"

任务二　制作"汉服纹理效果"

任务三　制作"紫色旗袍印刷图"

　　本项目将通过以上三个任务带领大家深入学习通道的基本操作以及各种编辑技巧,为后续的创意设计打下坚实的基础。

任务一　更换"中式婚纱背景图"

【任务描述】

　　中式婚纱源自中国悠久的服饰文化和婚姻习俗。它融合了古代服饰的精髓及象征喜庆、吉祥和幸福的传统色彩。中式婚纱不仅体现了对传统文化的尊重和传承,还通过现代设计手法,将传统元素与现代审美相结合,创造出既典雅庄重又时尚个性的婚纱款式,这些婚纱不仅承载了新人对美好生活的向往,也展示了中国文化的独特魅力和深厚底蕴。

任务素材

　　本任务是完成中式婚纱背景图的更换,通过该任务,引导学生认识 Photoshop 软件的"通道"面板,掌握通道、颜色通道和复制通道的作用及相关操作方法。

【任务实施】

一、复制高对比度通道

　　(1) 打开素材"婚纱",按 Ctrl＋J 组合键复制"背景"图层为"中式婚纱",如图 5-1-1 所示。打开"通道"面板,观察红、绿、蓝三个通道,将婚纱与背景的亮度对比最高的红色通道作为选区通道。

　　(2) 复制红通道,即将红通道拖到"通道"面板下方的"创建新通道"按钮,创建"红 拷贝"图层,如图 5-1-2 所示。

图　5-1-1

图　5-1-2

二、抠取中式婚纱

　　(1) 按快捷键 Ctrl＋L 打开"色阶"对话框,参数设置如图 5-1-3 所示,单击"确定"按钮,得到如图 5-1-4 所示效果。在拖动滑块过程中注意婚纱的对比度和清晰度。

（2）单击"通道"面板下方的"将通道作为选区载入"按钮，载入图像选区，如图 5-1-5 所示，单击 RGB 通道，观察创建的选区，如图 5-1-6 所示。

（3）打开素材"婚纱背景"，在"婚纱"文件中，选择"移动工具"将选区内的图像拖入"婚纱背景"文件中，自动生成"图层 1"，将其重命名为"婚纱"。按住 Ctrl＋T 组合键，再按住 Shift 键等比例调整其大小及位置，按 Enter 键确定，效果如图 5-1-7 所示。

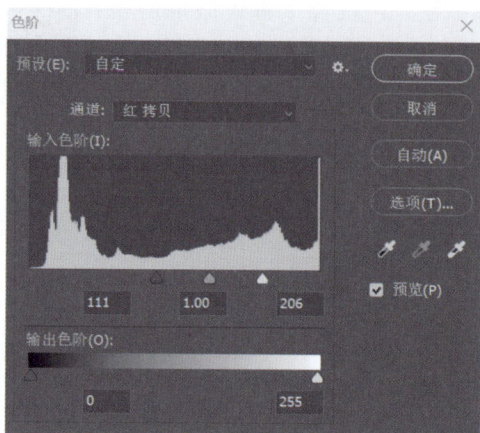

图　5-1-3

图　5-1-4

图　5-1-5

图　5-1-6

图　5-1-7

三、美化并保存文件

（1）打开素材"玫瑰之恋"，选择"魔棒工具"，属性栏参数设置如图 5-1-8 所示，在白色背景上单击可形成选区，选择菜单栏中的"选择"→"反选"命令，效果如图 5-1-9 所示。

图　5-1-8

图 5-1-9

（2）然后选择"移动工具"，将选区内的图像拖入"婚纱背景"文件中，自动生成"图层 1"，将其重命名为"玫瑰之恋"。按住 Ctrl＋T 组合键，调整其大小及位置，按 Enter 键确定，效果如图 5-1-10 所示。再设置图层混合模式为"正片叠底"，最终效果如图 5-1-11 所示。

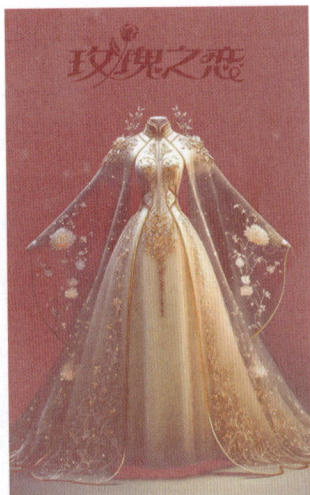

图 5-1-10   图 5-1-11

（3）选择菜单栏中的"文件"→"存储"命令，设置文件名为"完美中式婚纱"，文件存储为 PSD 格式，选择合适的存储位置，单击"保存"按钮，如图 5-1-12 所示。

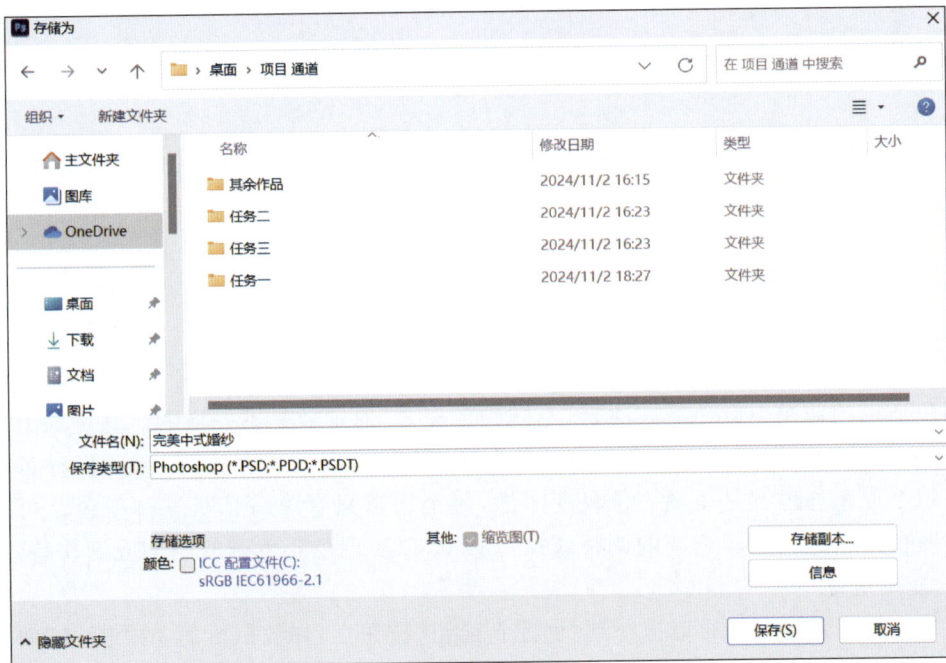

图 5-1-12

【知识链接】

通道基础知识(一)

通道是用于存储图像颜色信息和选区信息等不同类型信息的灰度图像,可以针对每个通道进行色彩调整、图像处理、使用各种滤镜从而制作出特殊的效果。

1. 通道的类型

通道主要有三类,分别是颜色通道、Alpha 通道和专色通道。

2. "通道"面板

利用如图 5-1-13 所示的"通道"面板,可以进行新建、存储、编辑等基本操作。

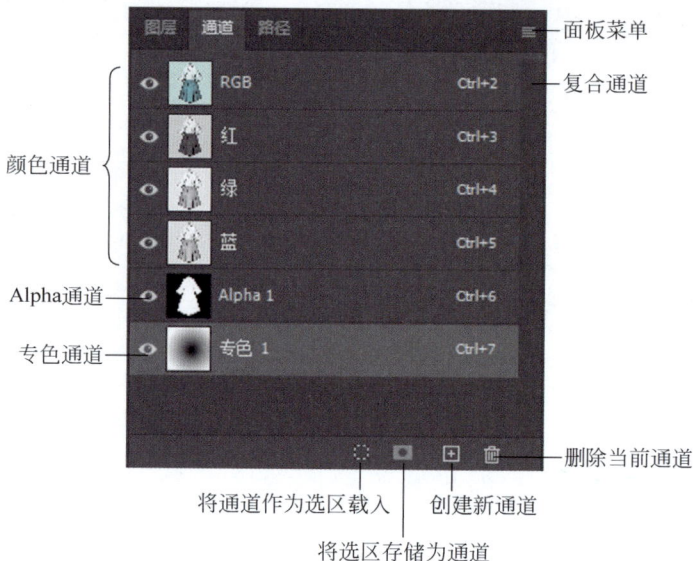

图 5-1-13

（1）"将通道作为选区载入"：将通道中颜色亮的区域作为选区加载到图像中,相当于按 Ctrl 键的同时单击通道。

（2）"将选区存储为通道"：将当前选区存储为 Alpha 通道。

（3）"创建新通道"：创建一个新的 Alpha 通道。

（4）"删除当前通道"：删除当前选择的通道。

3. 颜色通道

颜色通道的数量由颜色模式决定,不同颜色模式,通道数是不一样的。其中最上方的是复合通道,用于查看图像综合颜色信息;复合通道的下面是各原色通道,用于保存各种单色信息。每个原色通道都是一幅 8 位灰度图像,每个通道只有黑、白、灰三种颜色。可以单独对某一原色通道进行色彩色调的调整或执行滤镜,以实现色彩色调的调整或制作特效。

4. 复制通道

（1）先将需要复制的通道拖动到"创建新通道"按钮上,释放鼠标后,在"图层"面板中就创建一个通道副本。

（2）先选中需要复制的通道,选择"通道"面板菜单中的"复制通道"命令,弹出"复制通道"对话框,可以设置通道名称和复制通道的目标图像。选中"反相",则复制的新通道与原通道相比是反相的。

5.将通道作为选区载入

(1)单击"通道"面板下方的"将通道作为选区载入"按钮。

(2)按住 Ctrl 键的同时在"通道"面板中单击 RGB 通道缩览图,即可将通道作为选区载入。

任务二 制作"汉服纹理效果"

【任务描述】

汉服是传统文化的重要组成部分,承载着华夏文明的悠久历史,代表着中国古代社会的精神与文明。汉服不仅是服饰的演变,更是儒家礼典服制的文化总和,它以独特的形式、丰富的内涵,向世界展示中华民族的传统文化,传承和弘扬中华民族的文化自信和使命担当。

任务素材

本任务是制作汉服纹理效果,通过该任务,引导学生掌握 Alpha 通道的作用,创建及存储 Alpha 通道的基本操作方法。

【任务实施】

一、移动并调整图像

打开素材"汉服"和"汉服背景",在"汉服"文件中,选择"移动工具"将其拖入"汉服背景"文件中,自动生成"图层 1",将其重命名为"汉服",按住 Ctrl＋T 组合键,调整其大小及位置,按 Enter 键确定,效果如图 5-2-1 所示。

二、处理汉服纹理效果

(1)按住 Ctrl 键并单击"汉服"图层缩略图,载入"汉服"图层选区,如图 5-2-2 所示。选择菜单栏中的"选择"→"存储选区"命令,弹出"存储选区"对话框,如图 5-2-3 所示,单击"确定"按钮,即可在"通道"面板中创建 Alpha 1 通道,如图 5-2-4 所示,按 Ctrl＋D 组合键可取消选区。

图 5-2-1

图 5-2-2

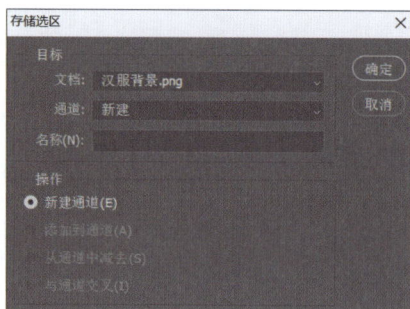

图　5-2-3

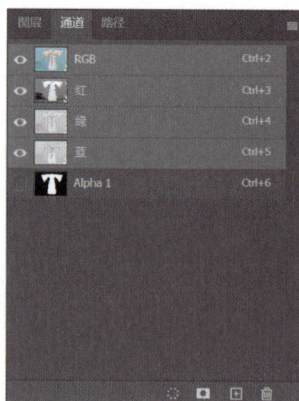

图　5-2-4

（2）选择 Alpha 1 通道，选择菜单栏中的"滤镜"→"滤镜库"命令，打开"滤镜库"对话框，如图 5-2-5 所示。选择滤镜库中的"纹理"→"纹理化"命令，如图 5-2-6 所示设置"纹理化"参数，单击"确定"按钮，生成效果如图 5-2-7 所示。

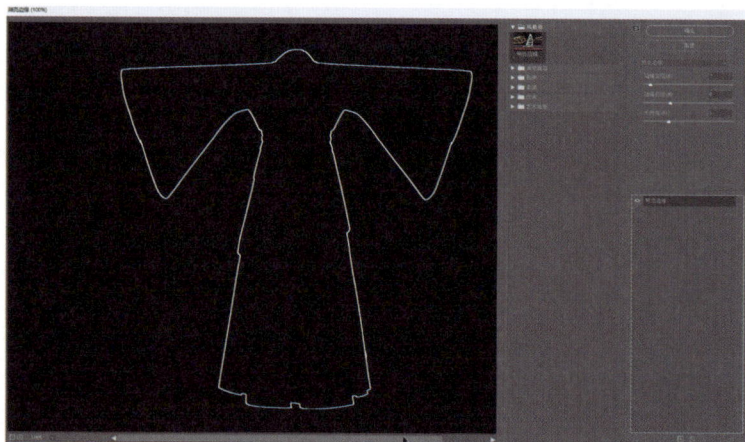

图　5-2-5

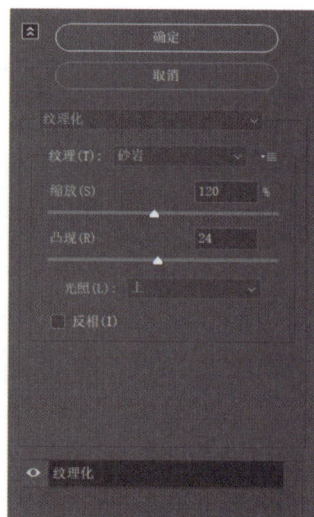

图　5-2-6

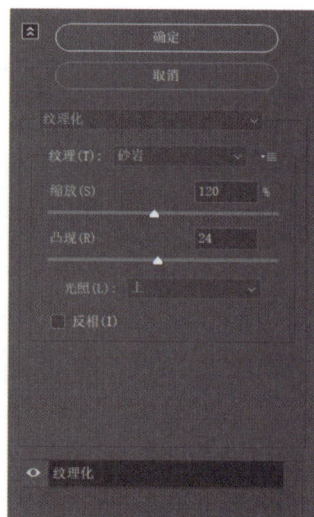

图　5-2-7

（3）选择 Alpha 1 通道，按快捷键 Ctrl＋A 全选通道中的内容，再按快捷键 Ctrl＋C 复制，如图 5-2-8 所示，然后单击 RGB 通道，选择"汉服"图层，单击"图层"面板底部的"添加图层蒙版"按钮，为其添加一个白色的蒙版，如图 5-2-9 所示。

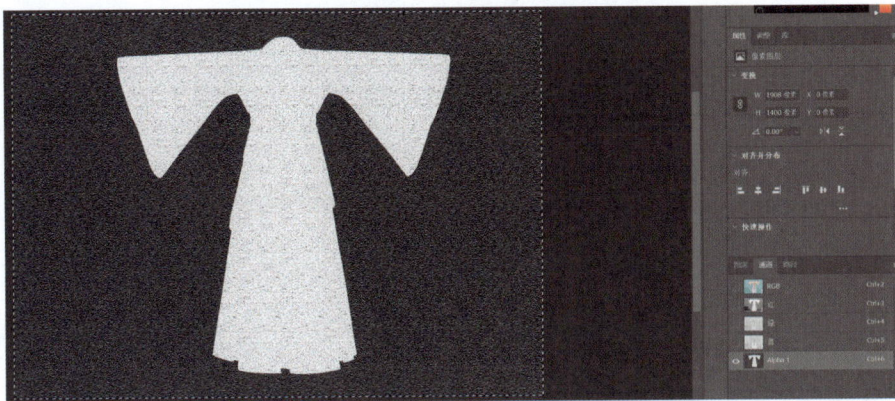

图　5-2-8

（4）按住 Alt 键单击图层蒙版的缩略图，进入蒙版视图中，如图 5-2-10 所示。按快捷键 Ctrl＋V 粘贴通道内容，如图 5-2-11 所示，再单击"汉服"图层缩略图，即可观察应用蒙版后的效果，如图 5-2-12 所示。

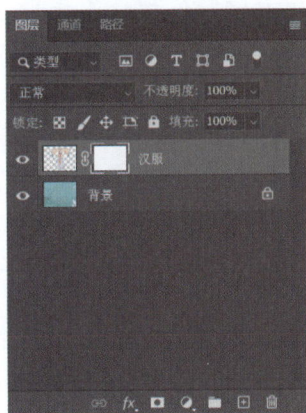

图　5-2-9

图　5-2-10

图　5-2-11

图　5-2-12

三、美化并保存文件

（1）打开素材"汉服文字"，选择"魔棒工具"，属性栏参数设置如图 5-2-13 所示，在白色背景上单击可形成选区，选择菜单栏中的"选择"→"反选"命令，效果如图 5-2-14 所示。

图　5-2-13

（2）选择"移动工具"，将选区内的图像拖入"汉服背景"文件中，自动生成"图层 1"，将其重命名为"文字"，按住 Ctrl＋T 组合键，调整其大小及位置，按 Enter 键确定，最终效果如图 5-2-15 所示。

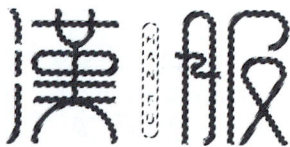

图　5-2-14

图　5-2-15

（3）选择菜单栏中的"文件"→"存储"命令，设置文件名为"汉服纹理效果"，文件存储为 PSD 格式，选择合适的存储位置，单击"保存"按钮，如图 5-2-16 所示。

【知识链接】

通道基础知识(二)

1. Alpha 通道

Alpha 通道用来建立、保存与编辑选区，选区作为 8 位灰度图像保存。

2. 创建新的 Alpha 通道

单击"创建新通道"按钮，即可新建一个 Alpha 通道。该通道在面板中显示为黑色。

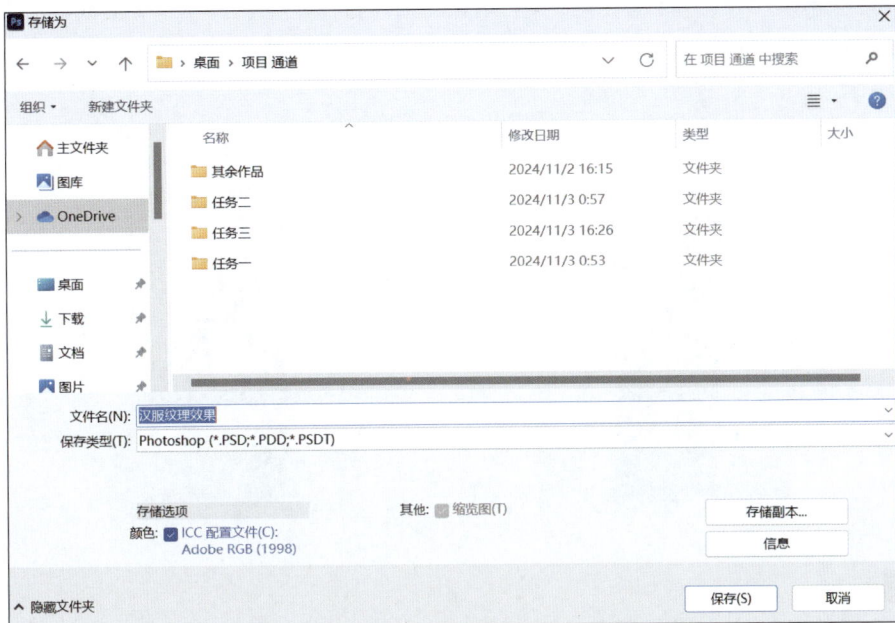

图　5-2-16

3. 将选区存储为 Alpha 通道

先建立选区,然后选择"选择"→"存储选区"命令,或者单击"将选区存储为通道"按钮,将选区存储为 Alpha 通道。白色对应选区内部,黑色对应选区外部。

任务三　制作"紫色旗袍印刷图"

【任务描述】

旗袍作为中国传统文化的代表之一,在中国文化史上具有非常重要的地位。它不仅仅是一种传统的服饰,更是一种文化的象征和艺术的表现。旗袍凭借独特的设计和优雅的曲线,成为中国传统文化中的瑰宝,深受世人喜爱。

本任务是制作紫色旗袍印刷图,通过该任务,引导学生认识专色通道的作用,掌握分离通道和合并通道的相关操作方法。

任务素材

【任务实施】

一、移动及调整图像

(1)打开素材"旗袍背景"和"蓝色旗袍",在"蓝色旗袍"文件中,选择"快速选择工具",属性栏参数设置如图 5-3-1 所示,在文件中选择需要的图像区域拖曳鼠标可形成选区,如图 5-3-2 所示。

图　5-3-1

（2）选择"移动工具"，将选区内的图像拖入"旗袍背景"文件中，自动生成"图层 1"，将其重命名为"旗袍"。按住 Ctrl＋T 组合键，调整其大小及位置，按 Enter 键确定，效果如图 5-3-3 所示。

图　5-3-2　　　　　　　　　　　图　5-3-3

二、将蓝色旗袍改为印刷紫色

（1）单击"指示图层可见性"标记 ，隐藏"背景图层"，如图 5-3-4 所示。选择"旗袍"图层，单击"通道"面板底部的"将通道作为选区载入"按钮，载入选区，按 Ctrl＋Shift＋I 组合键进行反选，效果如图 5-3-5 所示。

（2）选择"通道"面板菜单中的"新建专色通道"命令，如图 5-3-6 所示，弹出"新建专色通道"对话框，如图 5-3-7 所示。

（3）单击"颜色"图标，打开"拾色器"对话框，设置颜色为"♯f54e56"，单击"确定"按钮，如图 5-3-8 所示。在"新建专色通道"对话框中再单击"确定"按钮，即可创建一个"专色通道"，此时可以看到旗袍变为紫色，效果如图 5-3-9 所示。

（4）选中 RGB 复合通道，切换至"图层"面板，单击背景图层的"指示图层可见性"标记，显示"背景图层"，效果如图 5-3-10 所示。

图　5-3-4　　　　　　　图　5-3-5　　　　　　　图　5-3-6

图　5-3-7

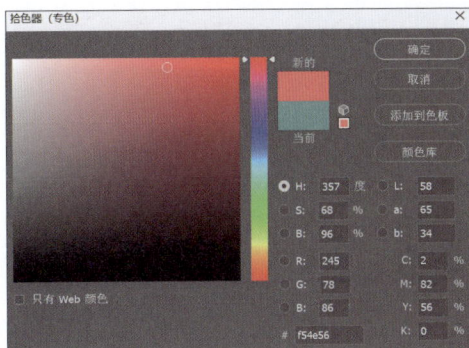

图　5-3-8

图　5-3-9

图　5-3-10

三、美化并保存文件

（1）打开素材"旗袍文字"，选择"魔棒工具"，属性栏参数设置如图 5-3-11 所示，在白色背景上单击可形成选区，选择菜单栏中的"选择"→"反选"命令，效果如图 5-3-12 所示。

图　5-3-11

（2）选择"移动工具"，将选区内的图像拖入"旗袍背景"文件中，自动生成"图层 1"，将其重命名为"文字"。按住 Ctrl＋T 组合键，调整其大小及位置，按 Enter 键确定，最终效果如图 5-3-13 所示。

图　5-3-12

图　5-3-13

（3）选择菜单栏中的"文件"→"存储"命令，设置文件名为"紫色旗袍印刷图"，文件存储为 PSD 格式，选择合适的存储位置，单击"保存"按钮，如图 5-3-14 所示。

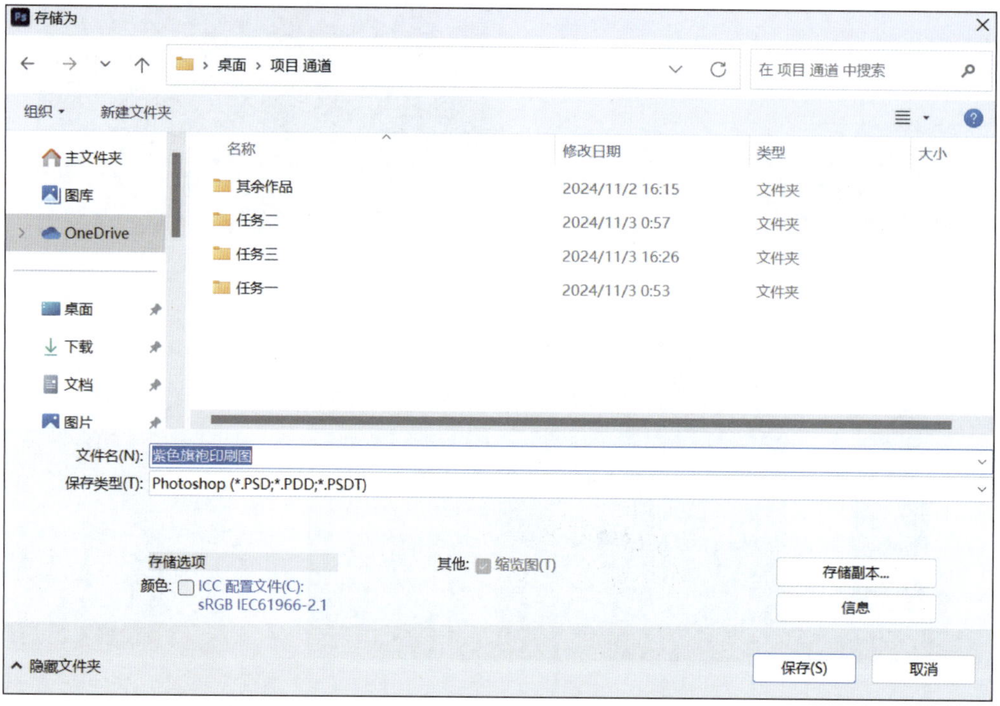

图　5-3-14

【知识链接】

通道基础知识(三)

1. 专色通道

专色通道主要用于印刷，在使用青、洋红、黄、黑 4 种原色油墨以外的其他颜色或进行 UV 烫金、烫银等特殊印刷工艺时，要使用专色通道，制作相应的专色色版。

专色印刷准确性更高，能更精准地呈现出颜色；专色色域更宽，可以用来替代或补充印刷色，如烫金色、荧光色等。专色中的大部分颜色是 CMYK 无法呈现的。

2. 分离通道

选择"通道"面板中的"分离通道"命令，可将通道分离为一个大小相同且独立的灰度图像，并且在分离后，原文件被关闭。

3. 合并通道

合并通道是分离通道的逆操作，将多个具有相同像素尺寸、处于打开状态的灰度图像作为不同的通道，合并到一个新的图像中。

项目测试

一、选择题

1. 单击"通道"面板中的"新建"按钮，所创建的新通道是(　　　)。

A. Alpha 通道　　　B. 专色通道　　　C. 复合通道　　　D. 颜色通道

2. 关于通道的操作,以下说法不正确的是(　　)。

　A. 分离通道前必须将图像拼合为一个背景层

　B. 灰度模式的图像不能进行分离通道操作

　C. 按住 Ctrl 键单击"创建新通道"按钮,会打开"新建通道"对话框

　D. 可以将当前图像中的通道复制到其他图像中

3. 在 Photoshop 中,决定通道数量的因素是(　　)。

　A. 图像分辨率　　　　　　　　　B. 图像大小

　C. 图像颜色模式　　　　　　　　D. 图像颜色位深度

4. 在 Photoshop 中,将 RGB 模式的图像进行"分离通道",自动生成的文件个数是(　　)个。

　A. 2　　　　　　B. 3　　　　　　C. 4　　　　　　D. 5

5. 在 Photoshop 中,关于通道的说法正确的是(　　)。

　A. 复合通道用于保存单色信息

　B. Alpha 通道的黑白灰代表是否被选取

　C. RGB 模式的图像有 3 个通道

　D. 分离通道是将图像分离为黑白图像

二、简答题

1. 在通道面板中,各通道的显示顺序从上至下依次是什么?

2. 颜色通道和 Alpha 通道中的黑、白、灰各有什么含义?

三、案例分析题

文丽同学要将"素材 1.jpg"中的 Alpha 1 通道复制到"素材 2.jpg"图像中,名称为"Alpha 2",请帮她写出操作步骤。

四、综合应用题

在 Photoshop 中,已经打开 3 幅图像:"背景.jpg""海边.jpg""人物.jpg"(图 5-1～图 5-3)。使用合并通道的方法将这 3 个文件合并为一幅名为"海边风景.jpg"的 RGB 模式的彩色图像(图 5-4),请写出操作步骤。(要求:图像的像素大小为 300×300 像素,分辨率为 72 像素/英寸。)

项目素材

图　5-1

图　5-2

图 5-3

图 5-4

五、技能操作题

中国汉服是传统文化的重要组成部分之一,可以作为各类艺术创作的主题,请根据提供的素材(图 5-5～图 5-6)完成以汉服为主题的海报设计(图 5-7),要求如下:

(1)新建大小为 3000×3000 像素,分辨率为 300PPI,文件名为"汉服换色海报",颜色模式为 RGB 的文件。

(2)将素材都导入文件中,利用通道命令调整其颜色和衣服纹理。

(3)添加渐变背景,最终效果如"效果图"。

(4)保存文件格式为 JPEG,文件名为"汉服换色海报"。

图 5-5

图 5-6

图 5-7

✎ 项目评价

知 识 技 能	了 解	基本掌握	熟练掌握
通道的分类及和用	☆☆☆	☆☆☆	☆☆☆
通道面板的基本操作	☆☆☆	☆☆☆	☆☆☆
通道的编辑技巧	☆☆☆	☆☆☆	☆☆☆
综 合 素 养	自 评		互 评
请从以下方面进行评价。 1.是否了解中国传统服饰,能否准确表达传统文化的精髓和魅力。 2.任务作品的完成度与完整性。 3.操作过程中是否有良好的工作习惯。			

路　径

知识目标

1. 理解路径的基本概念。
2. 理解路径与形状的区别。
3. 理解路径与选区的区别及应用。
4. 熟悉路径的构成要素,如锚点和控制手柄。

技能目标

1. 熟练使用钢笔工具创建和编辑路径以及其他相关工具。
2. 了解创建直线和曲线路径的方法,掌握路径的调整技巧,包括添加、删除和移动锚点。
3. 掌握将选区与路径互相转换的技巧。
4. 掌握保存和管理路径,以及导出路径为其他格式的方法。
5. 能够通过路径调板,绘制出丰富多彩的图像内容。

项目情境

　　Photoshop 中的路径是一个功能强大的工具,它不仅能够帮助用户精确地控制图像中的形状和线条,还提供了一种灵活和高效的方式来对图像进行编辑和创作。

　　路径提供了一种灵活且精确的方式来处理图像的特定部分,尤其是在进行精细的图像编辑和设计工作时,路径可以用来精确地选择图像中的特定区域,这对于复杂的图像编辑任务尤其有用。路径还可以转换为选区,进而进行颜色填充、渐变或其他图层效果的应用。路径的最大优势在于其矢量特性,这使得路径在缩放或变换时仍能保持清晰的边缘。

　　本项目主要讲述制作"二十四节气"相关宣传牌、邮票的方法。二十四节气是历法中表示自然节律变化以及确立"十二月建"的特定节令,蕴含着悠久的历史文化,是中华民族传统文化的重要组成部分。一岁四时,春、夏、秋、冬各三个月,每月两个节气,每个节气均有独特的含义。二十四节气准确地反映了自然节律变化,在人们日常生活中发挥了极为重要的作用。它不仅是指导农耕生产的时节体系,更是包含丰富民俗事象的民俗系统。

项目分解

　　本项目包含以下两个任务。

任务一　制作"二十四节气——芒种"宣传牌

任务二　制作"二十四节气——夏至"邮票

本项目将通过以上两个任务带领大家认识 Photoshop 软件中的路径,了解 Photoshop 软件的路径的相关操作方法,绘制出丰富多彩的图像内容。

任务一　制作"二十四节气——芒种"宣传牌

【任务描述】

芒种是二十四节气的第九个节气,夏季的第三个节气,干支历午月的起始。斗指丙,太阳黄经达 75°,于每年公历 6 月 5—7 日交节。"芒种"含义是"有芒之谷类作物可种,过此即失效"。这个时节气温显著升高、雨量充沛、空气湿度大,适宜晚稻等谷类作物种植。农事耕种以"芒种"这个节气为界,过此之后种植成活率就越来越低。它是古代农耕文化对于节令的反映。

任务素材

通过该任务,学习制作"芒种"宣传牌,引导学生认识 Photoshop 软件的路径,掌握路径工具的使用,能够灵活掌握路径相关的操作方法。

【任务实施】

一、新建文件

(1)双击桌面图标,启动 Photoshop CC 2022,如图 6-1-1 所示。

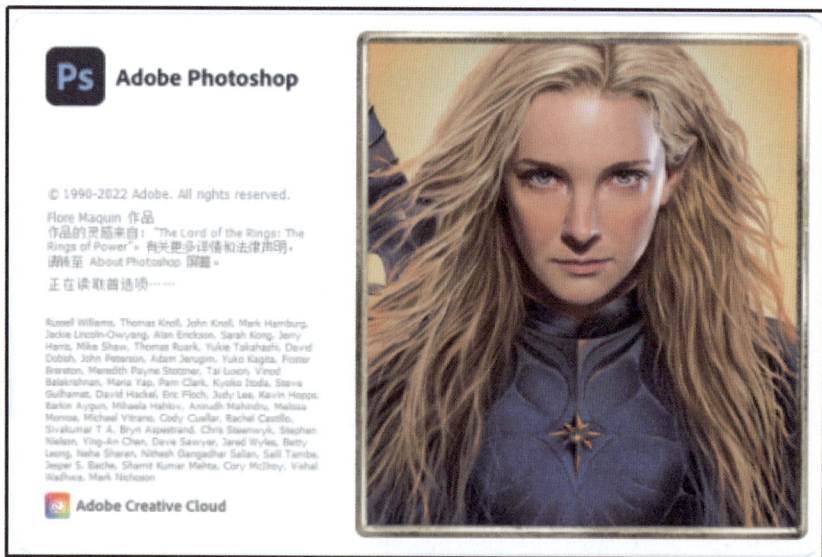

图　6-1-1

(2)在欢迎界面单击"新建"按钮,弹出新建文件窗口,在窗口中设置文件名为"二十四节气——芒种",参数设置为:宽度 10 厘米、高度 13 厘米、分辨率 72 像素/英寸,单击"创建"按钮,新建文件,如图 6-1-2 所示。

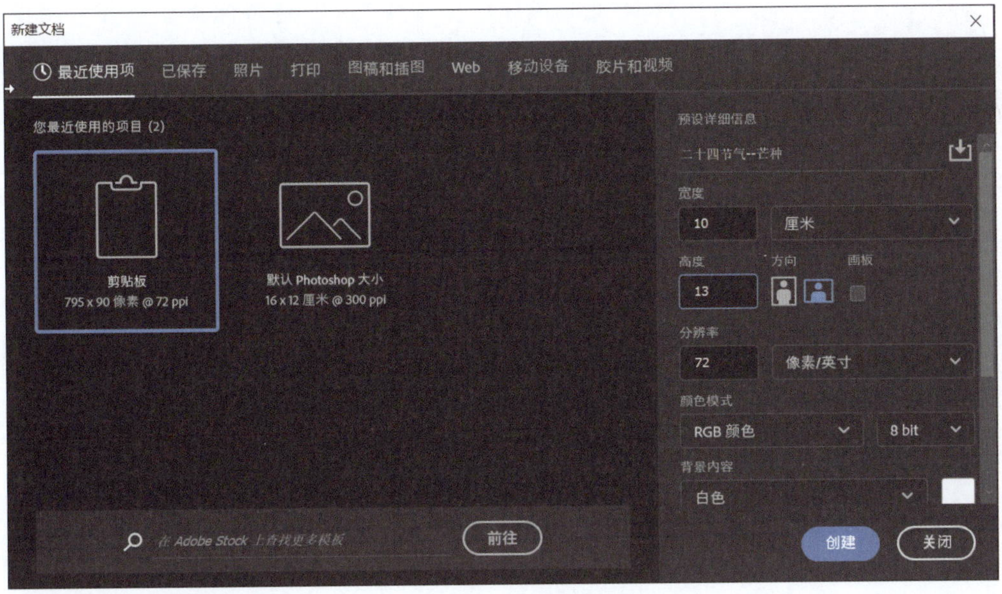

图 6-1-2

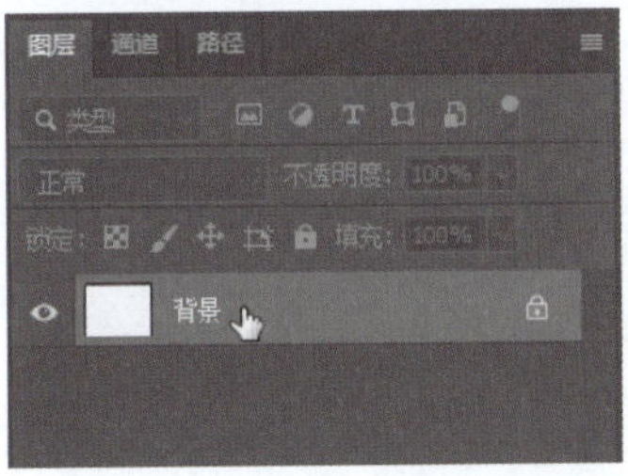

二、给背景层填充渐变颜色

（1）打开"图层"面板，选中"背景"图层，如图 6-1-3 所示。

（2）选择工具箱中的渐变工具 ，工具选项栏出现渐变工具相关参数设置，单击"点按可编辑渐变"按钮 ，如图 6-1-4 所示，在弹出的"渐变编辑器"对话框中设置渐变颜色为橙色到白色，如图 6-1-5 所示。

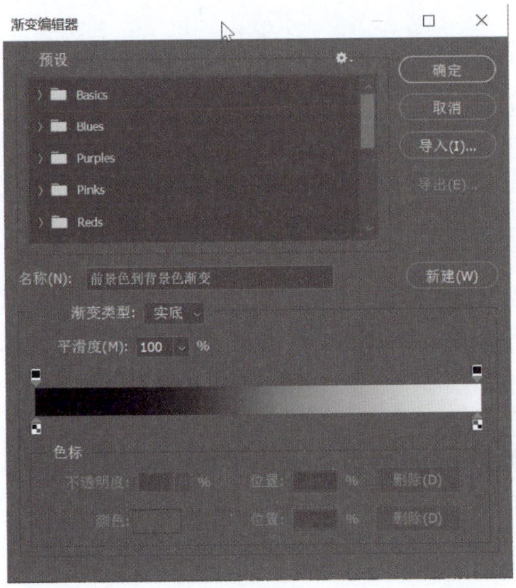

图 6-1-3

图 6-1-4

图 6-1-5

（3）此时鼠标箭头变成"⊹"，将鼠标移动至背景图像的上方，按住鼠标左键向下移动，可为背景填充渐变颜色，效果如图 6-1-6 所示。

三、添加图片

（1）选择菜单栏中的"文件"→"打开"命令，在弹出的窗口中选择"素材"，单击"打开"按钮，如图 6-1-7 所示，在 Photoshop 中打开"素材"，如图 6-1-8 所示。

（2）选择"移动工具"，按住鼠标左键，将"素材"拖动至"二十四节气——芒种"文件中，在工具属性中选中"显示变换控件"，如图 6-1-9 所示，鼠标拖动任意控点即可调整图像大小，将图像调整至合适大小，效果如图 6-1-10 所示。

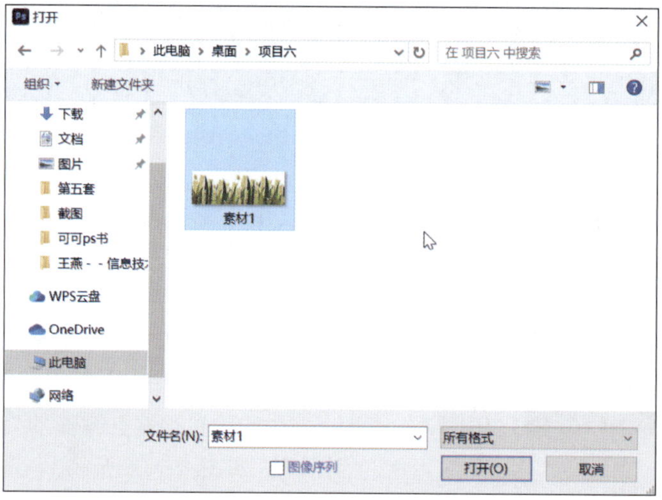

图　6-1-6

图　6-1-7

图　6-1-8

图　6-1-9

图　6-1-10

四、绘制形状

（1）单击"钢笔工具" ，在其"属性"选项栏中选择"形状"按钮 ，并在"填充"

选项中选择"绿色",在图像上绘制草地的形状,如图 6-1-11 所示。

(2)以同样的方法绘制云朵,如图 6-1-12 所示,并复制云朵图层,将图像调整至合适大小,效果如图 6-1-13 所示。

图 6-1-11

图 6-1-12

图 6-1-13

五、绘制路径

(1)打开"图层"面板,单击"图层"面板中的"新建图层"按钮 ,创建图层 2,如图 6-1-14 所示。

(2)单击前景色按钮 ,打开"拾色器"对话框,用"吸管"工具吸取草地颜色,设置前景色为绿色 ,如图 6-1-15 所示,按 Ctrl+Delete 组合键,设置图层颜色为绿色,如图 6-1-16 所示。

(3)选择"矩形工具" ,属性栏选择"路径",在画面中绘制矩形路径,如图 6-1-17 所示,单击其中一个圆圈,设置圆角为 16 像素,效果如图 6-1-18 所示。

(4)打开标尺,绘制两条辅助线,确定矩形路径的中心点,如图 6-1-19 所示。选择"矩形工具" ,属性栏选择"路径",打开"路径操作工具" 下拉菜单,选择"排除重叠形状",如图 6-1-20 所示。

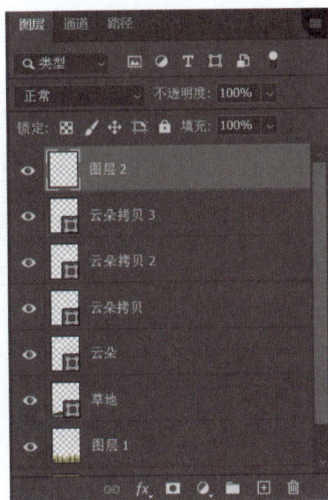
图 6-1-14

(5)选择"矩形工具" ,属性栏选择"路径",设置圆角为"10 像素" ,绘制里面的矩形,如图 6-1-21 所示,单击"建立蒙版" ,为图层创建矢量蒙版,如图 6-1-22 所示。

(6)隐藏辅助线,选择"文字工具",依次输入文字,如图 6-1-23 所示。

六、保存文件

选择菜单栏中的"文件"→"存储"命令,在弹出的"存储为对话框"中设置文件名为"二十四节气——芒种",文件存储为 PSD 格式,选择合适的存储位置,单击"保存"按钮,如图 6-1-24 所示。

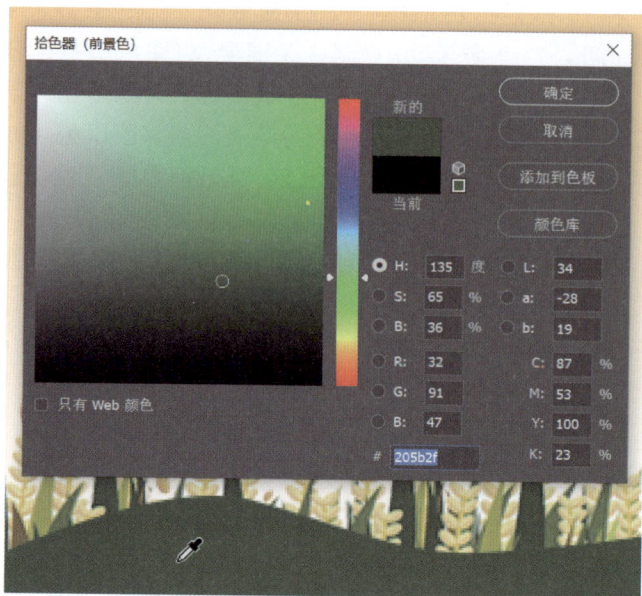

图 6-1-15

图 6-1-16

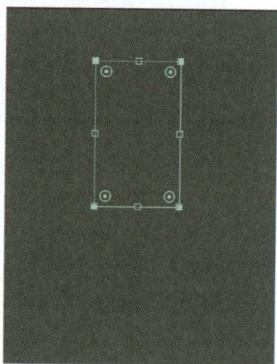

图 6-1-17

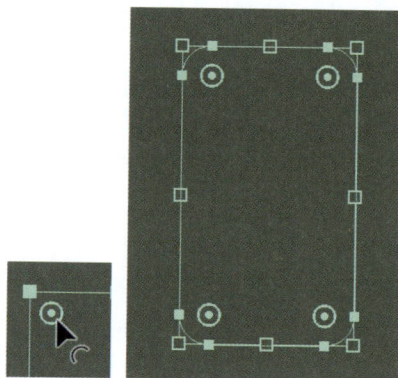

图 6-1-18

图 6-1-19

图 6-1-20

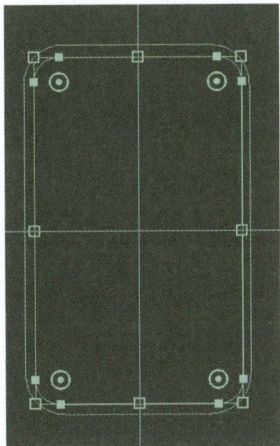

图 6-1-21

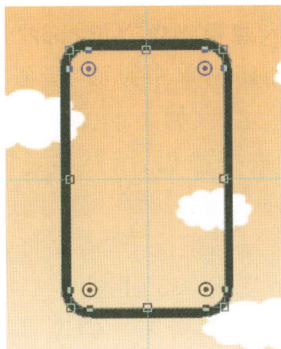

图 6-1-22

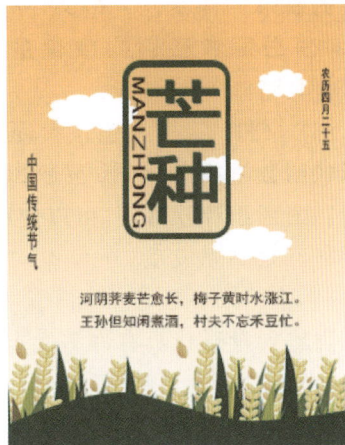

图 6-1-23

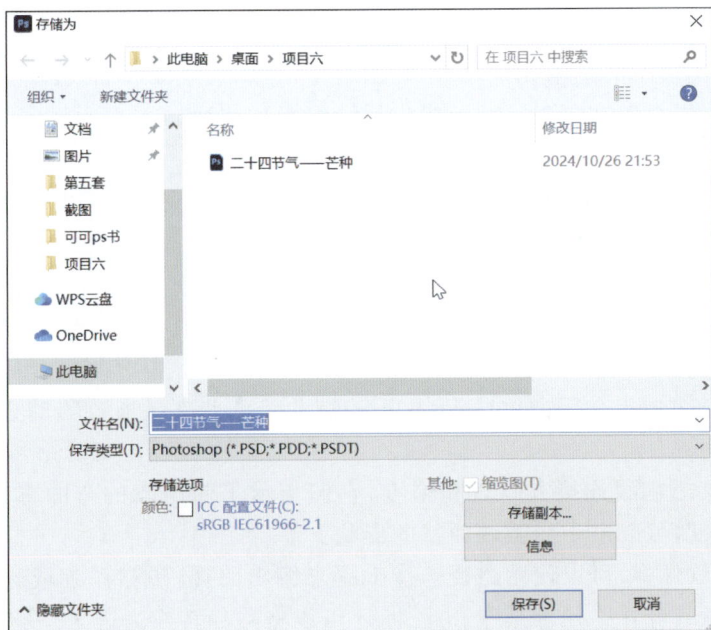

图 6-1-24

【知识链接】

一、形状和路径

1. 矢量形状

矢量形状是计算机图形学中的一个重要概念,它使用直线和曲线来定义形状。这些形状与分辨率无关,意味着无论如何放大或缩小它们,它们的边缘都会保持清晰和锐利。这是因为矢量形状是由数学公式描述的,而不是由像素组成的。

矢量形状具有以下优点。

(1)可编辑性:可以轻松地编辑形状的轮廓,包括添加、删除或移动锚点,以及调整曲线段的曲率。

（2）分辨率无关性：无论是在小屏幕上查看还是在大幅面打印机上打印，矢量形状都会保持其清晰度和细节。

（3）文件大小：与包含大量像素的图像相比，矢量形状的文件通常更小，因为它们只存储形状的数学描述，而不是每个像素的颜色值。

在图形设计软件中，可以使用形状工具（如矩形、圆形、多边形等）或钢笔工具来绘制矢量形状。绘制完成后，还可以对形状进行描边、填充颜色、添加样式（如阴影、发光等）等操作。

虽然矢量形状具有许多优点，但在某些情况下，需要将它们转换为像素图像（栅格化）。例如，当想对矢量形状应用绘画工具或滤镜命令时，这些工具通常只能处理像素图像。在这种情况下，可以将矢量形状栅格化为一个高分辨率的像素图像，然后应用所需的工具或命令。但请注意，一旦矢量形状被栅格化，它就失去了与分辨率无关的优点，并且在放大时可能会出现模糊或锯齿状边缘。

2. 路径

路径是矢量图形中的基本元素之一，它由若干锚点、直线段和曲线段组成。路径定义了形状的轮廓，并可以存储在"路径"面板中供后续编辑和使用。

路径由以下元素组成。

（1）锚点：锚点是路径上的点，它们可以是直线段的端点，也可以是曲线段的控制点。在编辑路径时，可以通过移动锚点来改变形状的轮廓。

（2）直线段：直线段连接两个锚点，形成路径的直线部分。

（3）曲线段：曲线段连接两个锚点，但它们的路径不是直线，而是曲线。曲线段的形状由方向点和方向线控制。

（4）方向点：方向点位于曲线段上，用于控制曲线的曲率。通过移动方向点，可以改变曲线段的形状。

（5）方向线：方向线连接方向点和锚点，它们指示了曲线段的弯曲方向。通过调整方向线的长度和角度，可以进一步微调曲线的形状。

在图形设计软件中，可以使用路径选择工具来编辑路径，包括添加或删除锚点、调整曲线段的曲率、分割或合并路径等操作。此外，还可以将路径转换为选区、填充颜色或描边等。

路径可以是开放的，也可以是闭合的；可以是一条路径，也可以是多条子路径。

3. 绘图模式

在 Photoshop 中使用形状工具或钢笔工具绘图前，首先要在工具选项栏中选取一种绘图模式，三种模式是形状、路径和像素，可分别创建形状图层、工作路径和栅格化的像素对象。

（1）"形状图层"按钮 ▢：绘制图形时将创建新图层，此时所绘制的形状将被放置在形状层蒙版中。

（2）"路径"按钮 ▨：绘制图形时将创建工作路径，此时所绘制的路径与钢笔绘制的路径相同。

（3）"填充像素"按钮 ▢：绘制图形时将创建位图，并可设置位图模式和透明度。

二、钢笔工具组

钢笔工具组包括"钢笔工具""自由钢笔工具""弯度钢笔工具""添加锚点工具""删除锚点工具"和"转换点工具",如图 6-1-25 所示。它们结合使用,可以绘制各种形状的矢量图形和复杂的路径。

1. 钢笔工具

"钢笔工具"是最基本、最常用的路径绘制工具,使用该工具可以绘制任意形状的直线或曲线路径,也可绘制闭合的路径、开放的路径。

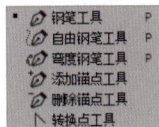
图　6-1-25

（1）直接单击,可创建直线段路径。

（2）当回到起点时单击可绘制闭合路径。

（3）单击并拖动鼠标可绘制曲线路径。

（4）未回到起点按 Ctrl 键在线段外单击创建不闭合路径。

（5）按 Shift 键可创建 45°角倍数的路径。

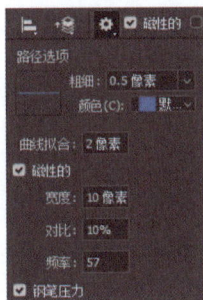
图　6-1-26

2. 自由钢笔工具

使用"自由钢笔工具"绘制路径时,系统会根据鼠标的轨迹自动生成锚点和路径,其选项栏与"钢笔工具"相比,增加了"磁性的"选项,单击其选项面板,如图 6-1-26 所示。

选中"磁性的"选项,该工具将变为"磁性钢笔工具",使用该工具可以像使用"磁性套索工具"一样,沿图像中颜色对比度强的边缘自动铺设锚点,快速勾勒出对象的轮廓。

3. 弯度钢笔工具

使用该工具可以更便捷地绘制直线和曲线路径,与"钢笔工具"相比,其最大的特点就是无须切换工具就能创建、切换、编辑、添加或删除平滑点或角点。

（1）在绘图窗口单击确定线段的两个锚点,此时生成直线路径,移动鼠标指针后直线路径变换成曲线路径。

（2）当鼠标指针移至锚点上,变为箭头形状时单击可拖移锚点。

（3）当鼠标指针移至路径上,变为加号形状时单击可直接添加锚点。

（4）双击锚点,可进行平滑点与角点的转换。

4. 添加锚点工具和删除锚点工具

选择"添加锚点工具",将鼠标指针移至路径上,变为添加锚点形状时单击可添加锚点;选择"删除锚点工具",将鼠标指针移至锚点上,变为删除锚点形状时单击可删除锚点。

5. 转换点工具

锚点可以分为角点和平滑点两种,使用"转换点工具"可以实现平滑点与角点间的相互转换。

（1）在角点上单击并拖动鼠标,可以将角点转为平滑点。

（2）直接单击平滑点,可将平滑点转换为没有方向线的角点。

（3）拖动平滑点的方向线,可将平滑点转换为具有两条相互独立方向线的角点。

（4）按住 Alt 键的同时单击平滑点,可将平滑点转换为只有一条方向线的角点。

（5）"钢笔工具"编辑时,按住 Alt 键并单击平滑点,可取消靠近下一锚点的方向线。

三、形状工具组

形状工具组可以创建出多种矢量形状，所包含的工具如图 6-1-27 所示。可以使用的工具模式有：形状、路径和像素。

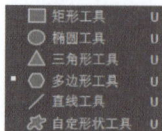

图　6-1-27

1. 矩形工具

"矩形工具"选项栏如图 6-1-28 所示。

图　6-1-28

"矩形选项"属性面板 的设置如图 6-1-29 所示。

（1）"不受约束"选项：系统的默认选项，可用来绘制任意大小和长宽的矩形。

（2）"方形"选项：选中该选项，可以用来绘制正方形。

（3）"固定大小"选项：可以设置矩形的长宽尺寸，从而绘制指定大小的矩形。

（4）"比例"选项：设置矩形的长宽比例，从而绘制指定比例的矩形。

"合并形状"属性面板 的设置如图 6-1-30 所示。

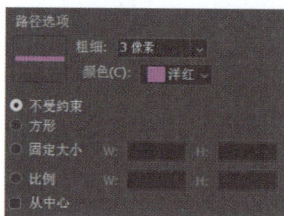

图　6-1-29

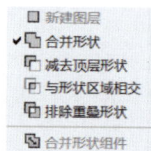

图　6-1-30

（1）"合并形状"按钮 ：表示新建的路径区域将与原来的路径区域合并。

（2）"减去顶层形状"按钮 ：表示将新建路径区域从原来的路径区域中减去，从而得到新的路径区域。

（3）"与形状区域相交"按钮 ：表示得到的路径区域是新建路径区域与原有路径区域重叠的部分。

（4）"排除重叠形状"按钮 ：表示从合并路径区域中排除重叠区域。

2. 椭圆工具

"椭圆工具"选项栏如图 6-1-31 所示，其选项栏各参数功能与"矩形工具"相似。

图　6-1-31

3. 三角形工具

"三角形工具"选项栏如图 6-1-32 所示，其选项栏各参数功能与"矩形工具"相似。

图　6-1-32

4. 多边形工具

"多边形工具"选项栏如图 6-1-33 所示。"多边形选项"的属性设置如下。

（1）"星形比例"选项：选中该项，借助"缩进边依据"选项，可以设置星形多边形各边向内的凹陷程度。

（2）"平滑星形缩进"复选框：用来控制星形多边形的各边是否平滑凹陷。

5. 直线工具

"直线工具"选项栏如图 6-1-34 所示。

"直线工具"属性设置如图 6-1-35 所示。

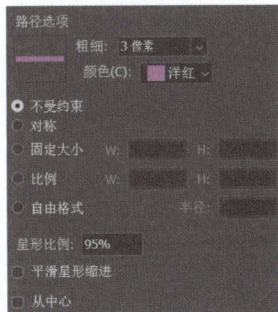

图　6-1-33

图　6-1-35

图　6-1-34

"箭头"选项属性设置如下。

（1）"起点"复选框：在绘制直线的起点处添加箭头。

（2）"终点"复选框：在绘制直线的终点处添加箭头。当同时选中"起点"和"终点"时，将绘制出带双向箭头的直线。

（3）"宽度"选项：设置箭头的宽度。

（4）"长度"选项：设置箭头的长度。

（5）"凹度"选项：设置箭头的凹凸程度。

6. 自定形状工具

"自定形状工具"的选项栏如图 6-1-36 所示。

图　6-1-36

通过设置参数，可以绘制出不同的自定义形状，如图 6-1-37 所示。

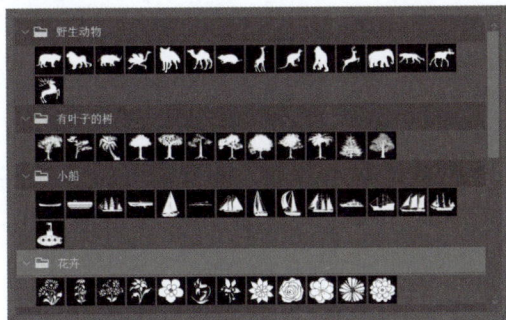

图　6-1-37

四、路径选择工具组

路径选择工具组包括"路径选择工具" ![icon] 和"直接选择工具" ![icon]，这两个工具主要用来选择和调整路径的形状，修改路径及形状属性。

1. 路径选择工具

"路径选择工具"可以用来选择单个路径或多个路径组件；也可以直接拖动实现移动或按 Alt 键的同时拖动实现复制路径；还可以用来组合、分布和对齐各路径组件，利用其工具选项栏可对已有形状进行修改。

2. 直接选择工具

"直接选择工具"用来移动路径上锚点或线段，也可移动方向线。用"钢笔工具"建立路径后再用直接选择工具进行调整，以获得想要的选区。

（1）使用"直接选择工具"编辑路径时，直接单击，锚点全部显示为空心，表示该路径组件被选取；在某个锚点上单击，变为黑色，表示为当前编辑的锚点，可以进行移动、删除等操作。

（2）按 Ctrl 键可以实现"路径选择工具"与"直接选择工具"的快速切换。

（3）在"钢笔工具"编辑时，按住 Ctrl 键可切换成"直接选择工具"。

任务二　制作"二十四节气——夏至"邮票

【任务描述】

夏至是二十四节气的第十个节气。斗指午；太阳黄经 90°；于公历 6 月 20—22 日交节。夏至这天，太阳直射地面的位置到达一年的最北端，几乎直射北回归线，此时，北半球各地的白昼时间达到全年最长。对于北回归线及其以北的地区来说，夏至也是一年中正午太阳高度最高的一天。

任务素材

通过本任务，应用"路径"调板中的"从选区生成工作路径"和"用画笔描边路径"两个功能按钮，学习使用"路径"调板的功能。

【任务实施】

一、新建文件

（1）双击桌面图标，启动 Photoshop CC 2022，如图 6-2-1 所示。

（2）在欢迎界面单击"新建"按钮，弹出新建文件窗口，在窗口中设置文件名为"夏至邮票"，参数设置为：宽度 14 厘米、高度 20 厘米、分辨率 200 像素/英寸，单击"创建"按钮，新建文件，如图 6-2-2 所示。

二、打开图片

（1）选择菜单栏中的"文件"→"打开"命令，打开素材文件夹中的图片文件"夏至.jpg"，如图 6-2-3 所示，单击"打开"按钮，在 Photoshop 中打开"夏至"图片，如图 6-2-4 所示。

（2）选择"移动工具"，按住鼠标左键，将"夏至"图片拖动至"夏至邮票"文件中，在工具属性栏中选中"显示变换控件"，鼠标拖曳任意控点即可调整图像大小，将图像调整至合适大小，效果如图 6-2-5 所示。

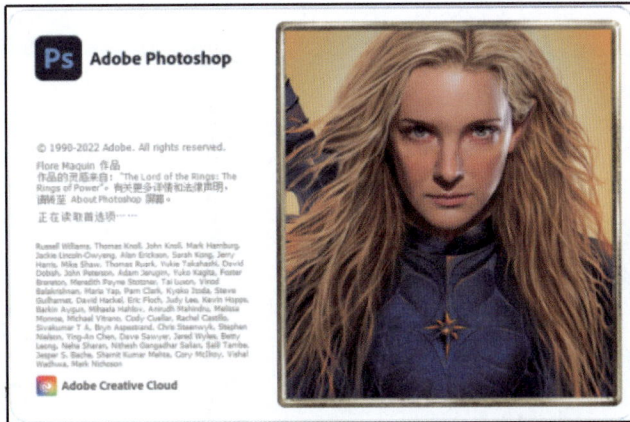

图　6-2-1

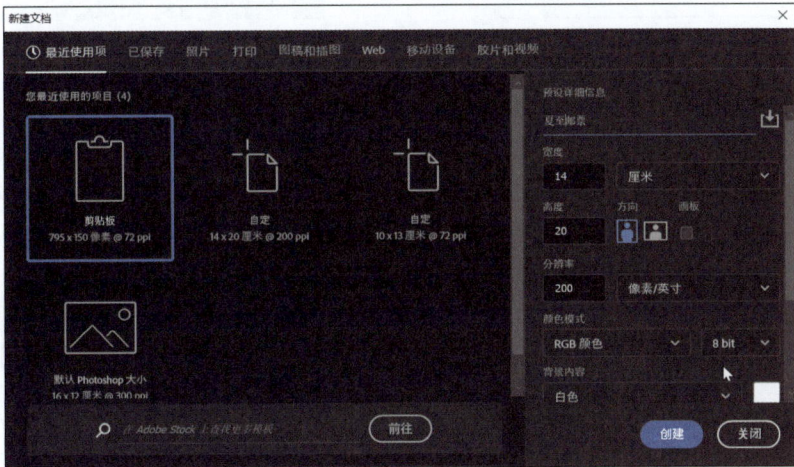

图　6-2-2

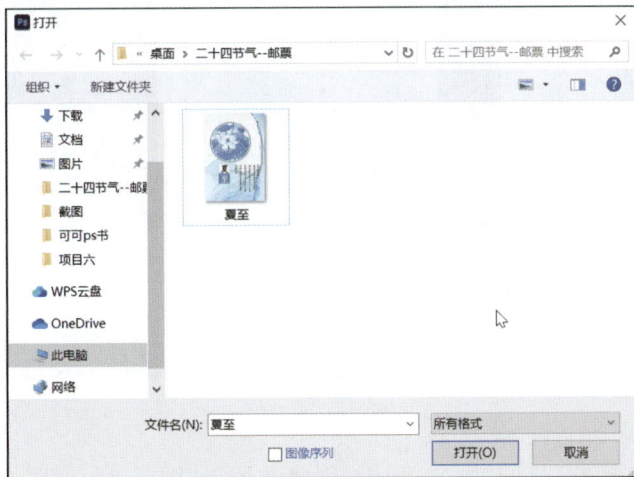

图　6-2-3

图 6-2-4

图 6-2-5

三、绘制边框

（1）选择矩形工具 ▣ ，选择路径 路径 ，在画面中绘制矩形路径，如图 6-2-6 所示。

（2）将前景色设置为黑色，单击工具箱中的"画笔工具" ✐ ，选择菜单栏中的"窗口"→"画笔设置"命令，如图 6-2-7 所示，打开"画笔设置"调板，如图 6-2-8 所示进行参数设置。

图 6-2-6

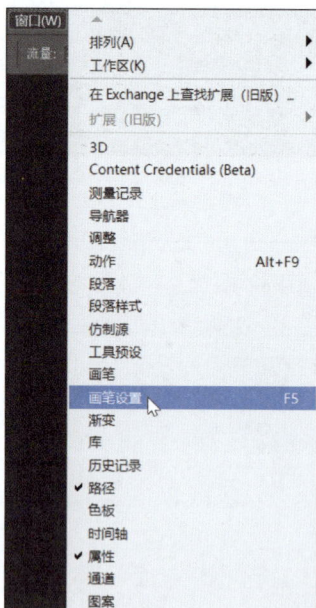

图 6-2-7

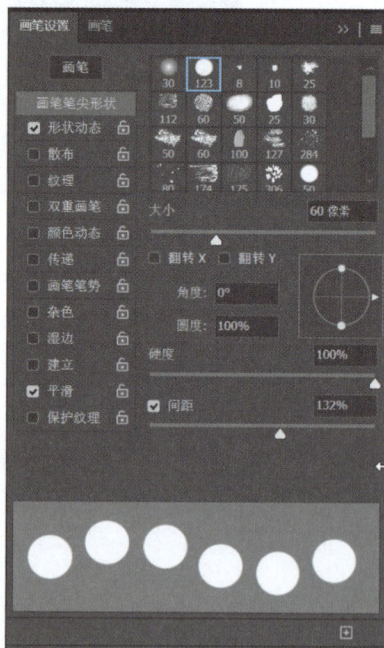

图 6-2-8

（3）单击"图层"标签，打开"图层"调板，创建新图层"图层 2"，如图 6-2-9 所示。

（4）单击"路径"标签，在打开的"路径"调板中，单击"路径"调板中的"用画笔描边路径"按钮 ◯ ，如图 6-2-10 所示，得到如图 6-2-11 所示的效果。

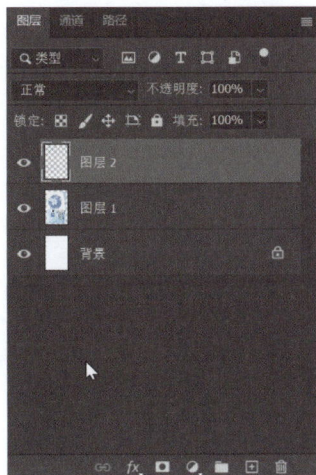

图 6-2-9

图 6-2-10

图 6-2-11

（5）单击"图层"标签，选择"图层 2"，选择"移动工具" ，在工具属性栏中选中"显示变换控件"，鼠标拖动任意控点即可调整图像大小，将图像调整至合适大小，效果如图 6-2-12 所示。

（6）单击工具箱中的"横排文字工具" ，在"文字工具"选项栏中设置字体为"黑体"，颜色为"棕色"（R：243，G：14，B：14），输入文字"1.20 元""中国邮政""CHINA"，最终效果如图 6-2-13 所示。

图 6-2-12

图 6-2-13

四、保存文件

（1）执行"文件"→"存储为"菜单命令，保存文件为"夏至.psd"。

（2）执行"文件"→"存储副本"菜单命令，将文件另存为"夏至.jpg"。

【知识链接】

"路径"面板及路径的基本操作如下。

在 Photoshop 中，可以通过"路径"面板来管理路径以及进行路径的基本操作：路径既可以与选区相互转换；也可以进行填充与描边；还可以通过路径创建矢量蒙版、凸出为 3D。

"路径"调板主要用将图像文件中绘制的路径转换为选择区域，然后对该区域进行描绘或填充，制作出各种形状的图像；也可以将选择区域转换为路径，进行更细致的调整。

1. "路径"面板

"路径"面板主要用来保存和管理路径。在面板中显示了存储的所有路径、工作路径和矢量蒙版的名称和缩览图，如图 6-2-14 所示。

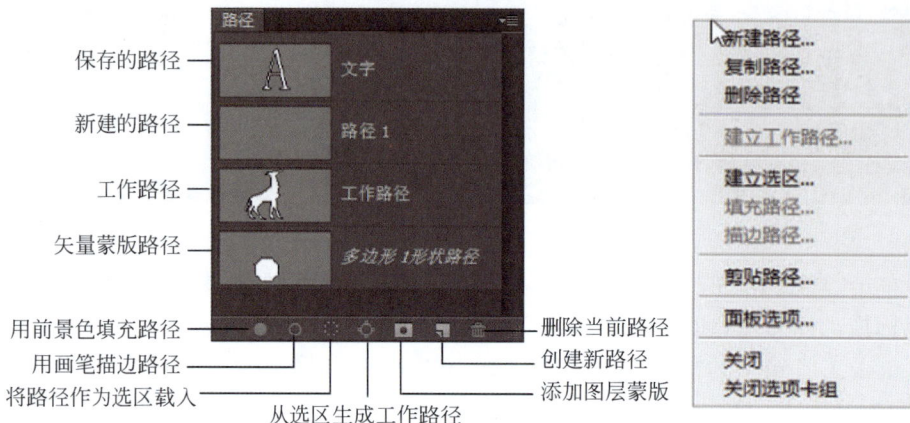

图　6-2-14

2. 路径的基本操作

（1）路径的选择与取消。选择路径，单击"路径"面板中的路径名；如要取消路径的选择，单击"路径"面板中的灰色空白区域或按 Esc 键。

（2）创建新路径。单击"创建新路径"按钮会以默认名称"路径 1，路径 2…"新建路径；选择面板菜单栏中的"新建路径"命令或按 Alt 键单击"创建新路径"按钮，弹出"新建路径"对话框，可输入路径名称。

（3）将工作路径存储为永久路径。工作路径为临时的路径，一旦重新绘制，原工作路径会被当前路径替代。如果想保存工作路径不被替代，可双击路径缩览图弹出"存储路径"对话框，将其存储或拖至"创建新路径"按钮上以默认名称存储。

（4）复制路径。在"路径"面板中选择要复制的路径（临时的工作路径除外），拖动至创建新图层按钮上或选择"路径"面板菜单的"复制路径"命令。

（5）删除路径。若要删除路径，可将其拖至"删除当前路径"按钮上或直接按 Delete 键删除。

项目测试

一、选择题

1. 在 Photoshop CC 中，要使用 ▣ 工具复制路径，在拖动鼠标同时，应按住的键是（　　）。

    A. Ctrl   B. Alt   C. Shift   D. Alt＋Shift

2. 在 Photoshop CC 中，使用前景色填充路径，应在"路径"面板上单击的按钮是（　　）。

    A. ▣   B. ▣   C. ▣   D. ▣

3. 在 Photoshop CC 中,若要用"直线工具"从左向右绘制箭头 ⟶ ,应设置的选项是( )。

　　A. "箭头"选择"终点",凹度为－50％

　　B. "箭头"选择"终点",凹度为 50％

　　C. "箭头"选择"终点",凹度为 0

　　D. "箭头"选择"起点",凹度为－50％

4. 在 Photoshop 中,形状工具的绘图模式不包括( )。

　　A. 形状　　　　　　B. 蒙版　　　　　　C. 路径　　　　　　D. 像素

5. 在 Photoshop CC 中,选择"转换点"工具后,要将平滑点转换为只有一条方向线的角点,正确的操作是( )。

　　A. 直接单击平滑点　　　　　　　B. 拖动平滑点的方向线

　　C. 按住 Alt 键的同时单击平滑点　　D. 在平滑点上单击并拖动鼠标

二、简答题

1. 将路径转化为选区有哪几种方法?

2. 将图 6-1 所示"路径"面板中的工作路径转为永久路径,至少写出 2 种方法。

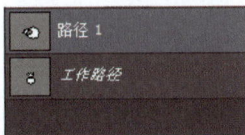

图　6-1

三、案例分析题

在 Photoshop 中利用路径的知识,制作如图 6-2 所示的"二十四节气——清明"文字效果。请写出操作步骤。

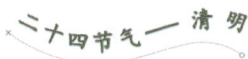

图　6-2

四、综合应用题

立秋是"二十四节气"的第十三个节气,也是秋季的起始。斗指西南,太阳达黄经 135°,在每年公历 8 月 7—9 日。"立"是开始之意;"秋"意为禾谷成熟。整个自然界的变化是循序渐进的过程,立秋是阳气渐收、阴气渐长,由阳盛逐渐变为阴盛的转折。在自然界,万物开始从繁茂成长趋向成熟。

项目素材

请利用所学的 Photoshop 知识,完成如图 6-3 所示"立秋"文字效果的制作并写出操作步骤。

五、技能操作题

芒种是二十四节气的第九个节气,夏季的第三个节气,干支历午月的起始。斗指丙,太阳黄经达 75°,于每年

图　6-3

公历 6 月 5—7 日交节。"芒种"含义是"有芒之谷类作物可种，过此即失效"。这个时节气温显著升高、雨量充沛、空气湿度大，适宜晚稻等谷类作物种植。农事耕种以"芒种"这个节气为界，过此之后种植成活率就越来越低。它是古代农耕文化对于节令的反映。请根据提供的素材（图 6-4）完成以芒种为主题的宣传牌设计（图 6-5），要求如下：

（1）新建大小为 1280×720 像素，分辨率为 300PPI，文件名为"芒种宣传牌设计"，颜色模式为 RGB 的文件。

（2）制作渐变背景，将素材导入文件中，利用路径工具绘制草地和白云并调整其大小和位置。

（3）绘制文字边框效果，并输入文字，最终效果如"效果图"。

（4）保存文件格式为 JPEG，文件名为"芒种宣传牌设计"。

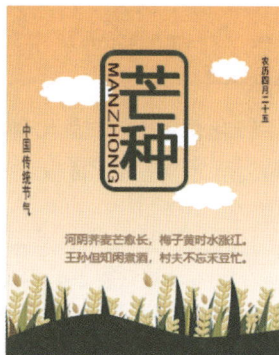

图 6-4   图 6-5

📝 项目评价

知 识 技 能	了 解	基本掌握	熟练掌握
路径的定义	☆☆☆	☆☆☆	☆☆☆
路径工具的基本操作	☆☆☆	☆☆☆	☆☆☆
路径面板的基本操作	☆☆☆	☆☆☆	☆☆☆
综 合 素 养	自 评		互 评
请从以下方面进行评价。 1. 是否了解二十四节气，能否准确表达传统文化的精髓和魅力。 2. 任务作品的完成度与完整性。 3. 操作过程中是否有良好的工作习惯。			

滤　镜

知识目标

1. 认识滤镜。
2. 了解滤镜的种类。
3. 掌握滤镜的使用方法。

技能目标

1. 掌握不同滤镜的操作技巧。
2. 能够利用滤镜制作相应的效果。
3. 掌握工作区相关的操作技巧。

项目情境

设计入场券、宣传折页等作品时,要注意版面的布局。版面布局的步骤如下:

(1)了解设计的内容和要求,选择相关的素材,包括文字(如标题、主要内容、说明文字等)、图像(如照片、图表等),根据客户预期的大体轮廓和方向,设计出结构清晰、简洁并且大量留白的版面。

(2)确定编排内容的层次和重点,可以通过改变字体的字号、粗细和类型,以及选择不同的色彩对编排内容的重点进行区分。

(3)组织视觉元素和相关内容,确定设计的整体框架和结构,在其中摆放不同的视觉元素制订页面的边距、分栏,以及文字和图片的区域,可以使内容条理清晰、结构明确。学习本项目时需注意不同形式版面的布局特点。

本项目带领大家制作与京剧主题相关的内容。京剧是中国国粹之一,是中国影响力最大的戏曲剧种。京剧的角色分为生、旦、净、丑四种。各行当都有一套表演形式。唱、念、做、打的技艺各具特色。京剧主要以历史故事为演出内容,备受观众的喜爱,影响甚广,有"国剧"之称。2010 年,京剧被列入联合国教科文组织非物质文化遗产名录。

项目分解

本项目包含以下三个任务。

任务一　制作京剧经典剧目《牡丹亭》入场券

任务二　　制作京剧宣传折页

任务三　　制作京剧纪念币

本项目将通过以上三个任务带领大家认识 Photoshop 滤镜，了解滤镜的使用方法及制作效果，掌握滤镜的操作技巧，帮助大家实现更多有趣的平面特效。

任务一　　制作京剧经典剧目《牡丹亭》入场券

【任务描述】

《牡丹亭》是京剧中的经典剧目，讲述了南安太守杜宝的女儿杜丽娘与岭南书生柳梦梅的爱情故事。通过这个爱情故事，表达了反封建的思想和对自由恋爱的向往。《牡丹亭》以深刻的人物性格塑造、精彩的情节发展和独具特色的戏曲语言成为京剧中的璀璨明珠。剧中融入了历史、传奇、幻想等元素，通过复杂的心理描写和深刻的人物性格塑造，展现了人性的复杂和多样。

任务素材

通过该任务，引导学生认识滤镜，掌握智能滤镜、滤镜库及扭曲滤镜组的相关知识及操作方法。

【任务实施】

一、制作背景

（1）打开软件，新建宽 1280 像素、高 720 像素、分辨率 72 像素/英寸的文件。

（2）按住鼠标左键将素材"背景图"拖曳至新建文件中，如图 7-1-1 所示，单击工具选项栏中的"√"按钮，此时图层为智能图层。

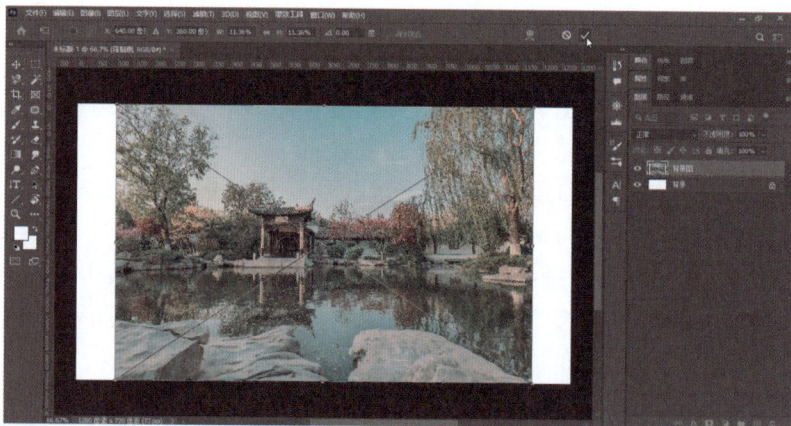

图　7-1-1

（3）将背景图大小调整至与画布大小相同，左右连边不要留白。选中"背景图"图层，右击，选择"栅格化图层"，方便后续操作。选择"滤镜"→"扭曲"→"极坐标"命令，打开"极坐标"窗口，如图 7-1-2 所示。选中"平面坐标到极坐标"，单击"确定"按钮，效果如图 7-1-3 所示。

（4）选择橡皮擦工具，设置橡皮擦样式为"常规画笔"→"柔边圆"，将图像调整至合适的大小，将背景图多余的部分删掉，如图 7-1-4 所示。

（5）选择"仿制图章工具"，对画面中心的边界线进行处理，使画面首尾相接自然，效果如图 7-1-5 所示。

图　7-1-2

图　7-1-3

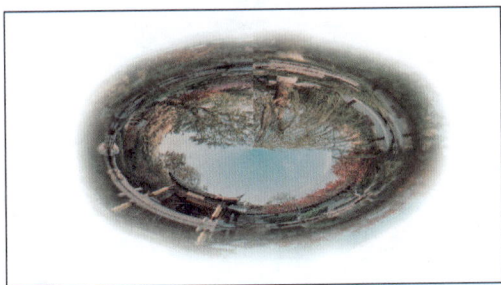
图　7-1-4

图　7-1-5

（6）使用移动工具，选中"显示变换控件"，将图像调整至合适的大小，并将"背景图"移动至合适的位置，背景效果如图 7-1-6 所示。

图　7-1-6

二、制作人物浮雕效果

（1）使用移动工具，将素材"人物.png"拖曳至文件中，使用 Ctrl＋T 组合键，调整人物素材至合适大小，保持自由变换的状态，右击选择"水平翻转"命令，使人物面向右方。

（2）给人物所在图层添加图层蒙版，使用黑色画笔绘制蒙版，图层效果如图 7-1-7 所示，人物效果如图 7-1-8 所示。

（3）将前景色调整色号为"#0c9d83"，选择"智能对象缩览图"（由于人物层是智能图层，添加蒙版后，原"图层缩览图"名称就变成"智能对象缩览图"），选择"滤镜"菜单栏中的"滤镜库"命令，如图 7-1-9 所示，打开"滤镜库"窗口。

图　7-1-7

图　7-1-8

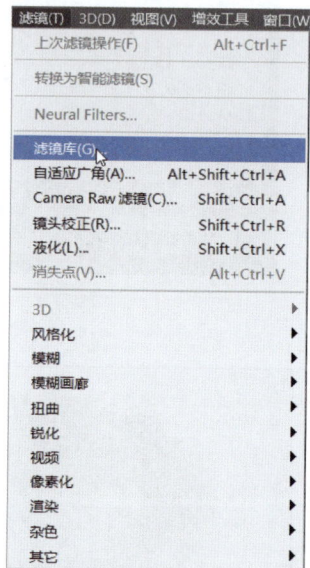

图　7-1-9

（4）在"滤镜库"窗口中打开"素描"滤镜组，选择"便条纸"滤镜效果，如图 7-1-10 所示，保持默认参数，单击"确定"按钮，人物效果如图 7-1-11 所示。

图　7-1-10

图　7-1-11

三、制作文字纹理效果

（1）输入"牡丹亭"和"青岛戏迷京剧团"字样，选择合适的字体并将字号调整至合适大小，效果如图 7-1-12 所示。

（2）选择"青岛戏迷京剧团"文字层，右击选择"转换为智能对象"命令，将文字转换为智能对象。

（3）选择"滤镜"→"滤镜库"命令，打开"滤镜库"窗口，选择"纹理"滤镜组中的"染色玻璃"滤镜，参数保持默认，单击"确定"按钮，文字效果如图 7-1-13 所示。

图 7-1-12   图 7-1-13

四、添加人物、底边

（1）将"人物.Png"素材拖曳至文件中，并调整其大小和位置。

（2）使用矩形选框工具在下方绘制一个长方形的区域，填充颜色色号为"♯0c9d83"。

（3）输入时间、地点等文字，最终效果如图 7-1-14 所示。

图 7-1-14

【知识链接】

滤镜是 Photoshop 最重要的功能之一，充分而适度地应用滤镜，可以让图像发生有趣的变化，产生特效。

滤镜的使用非常简单，只需从"滤镜"菜单中选择所需的滤镜，如图 7-1-15 所示，然后适当地调节参数即可。

一、认识智能滤镜和滤镜库

1．智能滤镜

应用于智能对象的任何滤镜都是智能滤镜，智能滤镜属于"非破坏性滤镜"，而且可以随时调整参数。智能滤镜所在层包含一个列表，存储在"图层"面板中，如图 7-1-16 所示。可以将其隐藏、停用或删除，还可以设置智能滤镜与图像的混合模式、不透明度。

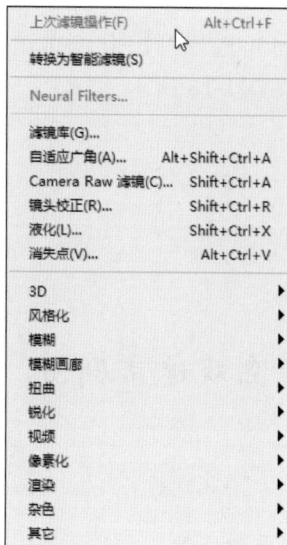

图　7-1-15

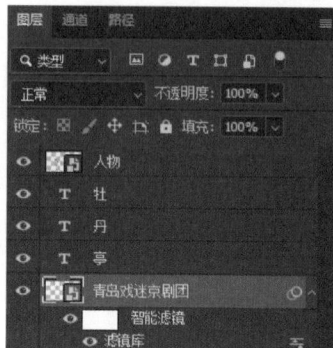

图　7-1-16

2. 滤镜库

滤镜库是集合了大部分常用滤镜的特殊的对话框,以折叠菜单的方式显示,并为每个滤镜提供了直观的效果预览。

选择"滤镜"→"滤镜库"命令,打开"滤镜库"对话框,如图 7-1-10 所示。在对话框的中部为滤镜列表,每个滤镜组下面包含多种特色滤镜,单击需要的滤镜组,可以预览各个滤镜及其相应的滤镜效果。

在滤镜库中,可以对一张图像应用一种或多种滤镜,或对同一张图像多次应用同一种滤镜,可以使用其他的滤镜替换原来的滤镜,也可以调整滤镜在滤镜库的执行顺序,还可以停用或删除某一滤镜效果。

二、"液化"滤镜

"液化"滤镜可以对图像的任何区域创建推、拉、旋转、扭曲、收缩等变形效果,其中"脸部识别"液化功能,可用于修饰人像、照片或创建漫画等。"液化"窗口如图 7-1-17 所示,利用窗口左边的工具,结合窗口右边的参数在图像上进行绘制涂抹,可以改变图像的基本样貌,达到特殊的效果。

"液化"滤镜的主要工具如下。

(1)"向前变形工具" ![图标]:可以向前推动像素,产生变形效果。

(2)"重建工具" ![图标]:用于局部或全部恢复变形的图像。

(3)"顺时针旋转扭曲工具" ![图标]:用于顺时针旋转扭曲,按住 A 键进行操作,可产生逆时针旋转扭曲效果。

(4)"褶皱工具" ![图标]:使像素向画笔中心的方向移动,产生内缩效果。

(5)"膨胀工具" ![图标]:使像素向远离画笔中心的方向移动,产生膨胀效果。

(6)"左推工具" ![图标]:使像素垂直移向绘制方向。当向上拖曳鼠标时,像素会向左移动;向下拖曳鼠标时,像素向右移动。按住 A 键的同时拖曳鼠标,像素移动方向相反。

图　7-1-17

（7）"冻结蒙版工具" ：使用该工具涂抹，可使涂抹的区域不产生变形。

（8）"解冻蒙版工具" ：用来使被冻结的区域解冻。

（9）"脸部工具" ：适合处理面朝相机的面部特征，会自动识别眼睛、鼻子、嘴唇、脸部形状等面部特征，可通过拖动控点或调整滑块来调整各部位的形状。

三、"扭曲"滤镜组

"扭曲"滤镜组可将图像进行几何扭曲，创建波纹、球面化、波浪等 3D 或变形效果，适用于制作水面波纹或破坏图像形状。其中，"扩散亮光""玻璃"和"海洋波纹"通过"滤镜库"来实现。

1. 极坐标

"极坐标"滤镜可以将平面坐标转换为极坐标，或将极坐标转换为平面坐标，其选项如图 7-1-18 所示，效果如图 7-1-19 所示。

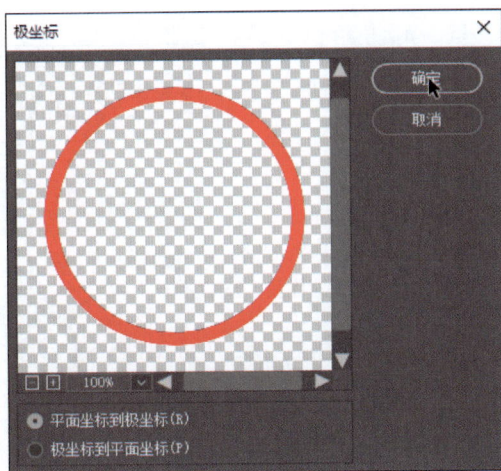

图　7-1-18

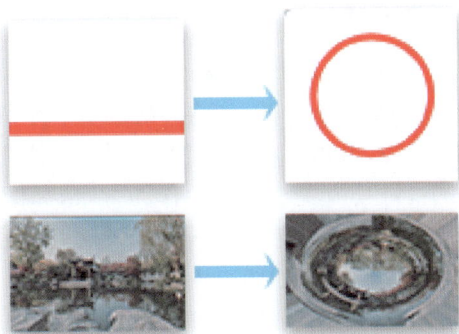

图　7-1-19

（1）平面坐标到极坐标：将图像从二维平面坐标系统转换为极坐标系统。在这个过程中，图像的中心点保持不变，而图像的其他部分会围绕中心点旋转，形成一个圆形或环形的形状。

（2）极坐标到平面坐标：将图像从极坐标系统转换回平面坐标系统。在这个过程中，图像的中心点保持不变，但图像的其他部分会从中心点向外扩展，形成抛物线、双曲线等形状。

2．"海洋波纹"滤镜

"海洋波纹"滤镜将随机分隔的波纹添加到图像表面，使图像看上去像在水中，其选项如图 7-1-20 所示，其效果如图 7-1-21 所示。该滤镜通常用来模拟水中倒影。

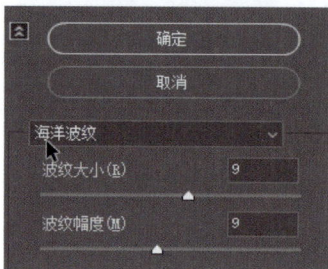

图　7-1-20

图　7-1-21

任务二　制作京剧宣传折页

【任务描述】

随着时代的发展，京剧传播的方式越来越多样化。京剧宣传折页一般用于宣传京剧剧目内容、演员等信息，让观众更加了解相关剧目，在传承、推广、服务和保存等方面发挥了重要作用。宣传折页具有一目了然、开本实用、折叠方式携带方便、内容新颖别致、美观等特点。

本任务通过制作京剧宣传折页，介绍剧中生、旦、净、丑角色演员，引导学生学习滤镜库及模糊滤镜的使用方法。

任务素材

【任务实施】

一、制作"丑角"背景

（1）新建高为 600 像素、宽为 280 像素、分辨率为 72PPI 的空白文件，命名为"丑角"。打开"窗花"素材，使用矩形选框工具框选出合适的大小，将其拖曳至文件中作为背景，如图 7-2-1 所示。

（2）选择窗花所在层，选择滤镜库，在滤镜库中选择"艺术效果"中的"海绵"效果，如图 7-2-2 所示。

（3）给窗花层添加图层蒙版，使用渐变工具进行绘制，图层如图 7-2-3 所示，效果如图 7-2-4 所示。

图　7-2-1

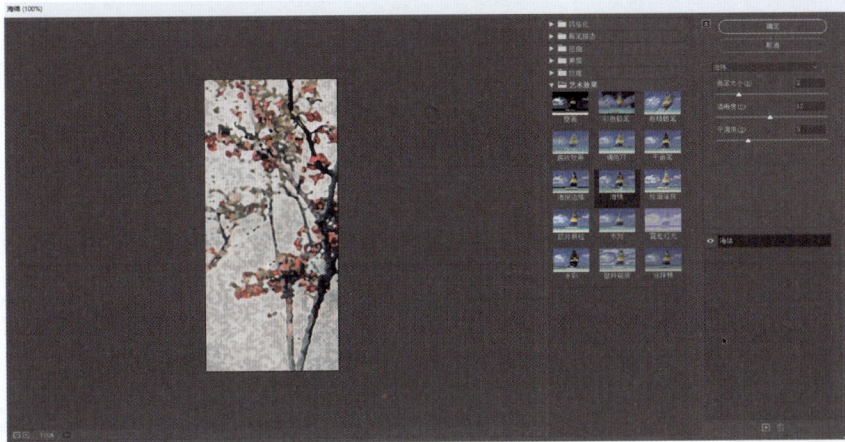

图　　7-2-2

二、制作"丑角"人物部分

（1）打开"人物.psd"，使用移动工具将丑角人物拖曳至丑角文件中，并调整其大小和位置，如图 7-2-5 所示。

（2）选择丑角所在层，在滤镜菜单栏的"模糊"滤镜组中选择"径向模糊"滤镜，设置"数量"参数为 20，其他参数设置如图 7-2-6 所示，图像效果如图 7-2-7 所示。

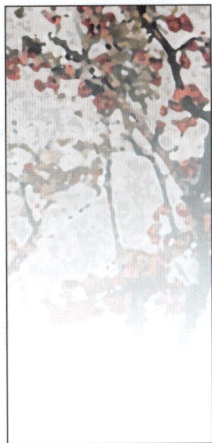

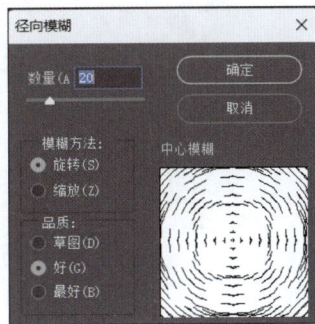

图　7-2-3　　　　　　图　7-2-4　　　　　　图　7-2-5　　　　　　图　7-2-6

（3）将水墨素材 4 拖曳至文件中，并调整其大小和位置，使用魔棒工具将空白部分选出并删除，只保留水墨部分，如图 7-2-8 所示。

（4）再次添加丑角人物，调整大小并将其摆放在合适位置，如图 7-2-9 所示。为该层添加图层蒙版，使用画笔工具描绘人物的衣服与腿部，使其露出水墨素材，效果如图 7-2-10 所示。

（5）添加文字，进行整体调整，最终效果如图 7-2-11 所示。

三、制作"花脸"部分

（1）新建相同大小的空白文件，命名为"花脸"。添加窗花背景，为其添加滤镜库"艺术效果"滤镜组中的"绘画涂抹"滤镜,效果如图 7-2-12 所示。

(2)同样为该层添加图层蒙版,使其只显示一部分,如图 7-2-13 所示。

(3)"花脸"人物部分参考"丑角"人物部分,效果如图 7-2-14 所示。

图 7-2-7

图 7-2-8

图 7-2-9

图 7-2-10

图 7-2-11

图 7-2-12

图 7-2-13

图 7-2-14

四、制作"武生"部分

(1)新建相同大小的空白文件,命名为"武生"。添加窗花背景,为其添加滤镜库"艺术效果"滤镜组中的"涂抹棒"滤镜,在"滤镜库"窗口中的效果层显示位置单击下方的"新建效果图层"按钮 ,再添加一个"绘画涂抹"滤镜,这样背景就叠加了两个滤镜效果。

(2)制作"武生"人物部分参考"丑角"人物部分,效果如图 7-2-15 所示。

五、制作"花旦"部分

(1)新建相同大小的空白文件,命名为"花旦"。添加窗花背景,为其添加滤镜库"画笔描边"滤镜组中的"喷溅"滤镜,效果如图 7-2-16 所示。

(2)制作"花旦"人物部分参考"丑角"人物部分,效果如图 7-2-17 所示。

图　7-2-15　　　　　　　图　7-2-16　　　　　　　图　7-2-17

六、制作整体折页

（1）分别将"丑角""花脸""武生""花旦"存储为 JPEG 格式。

（2）新建大小为 1280×720 像素、分辨率为 72 像素/英寸的空白文件，将"丑角.jpg""花脸.jpg""武生.jpg""花旦.jpg"导入该文件中，如图 7-2-18 所示。

图　7-2-18

（3）选择"丑角"，按 Ctrl＋T 组合键，进入自由变换模式，鼠标指针放在图像上，右击选择"斜切"命令，调整图像一侧，效果如图 7-2-19 所示。

图　7-2-19

（4）使用同样的方法对"花脸""武生""花旦"进行调整，效果如图 7-2-20 所示。

图 7-2-20

（5）分别选中"丑角""花脸""武生""花旦"图层，为其添加"投影"图层样式，图层效果如图 7-2-21 所示，最终效果如图 7-2-22 所示。

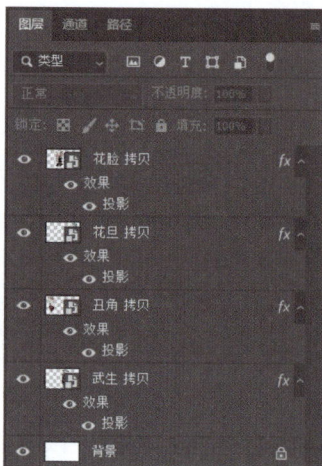

图 7-2-21

图 7-2-22

【知识链接】

一、"模糊"滤镜组

"模糊"滤镜组可以柔化选区或图像，产生模糊的效果。它不仅能起到修饰的作用，还可以模拟物体运动。

1. "表面模糊"滤镜

"表面模糊"滤镜可在保留边缘清晰度的同时模糊图像，适用于需要在不损失重要细节的前提下减少图像杂色和噪点的场景。操作窗口如图 7-2-23 所示，参数设置如下。

（1）半径：指定模糊取样区域的大小。

（2）阈值：控制相邻像素色调值与中心像素值相差多大时才能成为模糊的一部分。

2. "动感模糊"滤镜

"动感模糊"滤镜可以沿指定方向并以指定的强度进行模糊，从而模拟摄影中由于拍摄移动对象或在移动中拍摄静态对象时产生的模糊效果。操作窗口如图 7-2-24 所示，参数设置如下。

（1）角度：确定模糊效果的方向，范围从－360°到＋360°。

（2）距离：设置模糊效果的强度，以"像素"为单位，范围从 1 到 999。距离越长，模拟的运动感和模糊效果就越强烈。

图　7-2-23　　　　　　　　　　　　　　　图　7-2-24

3．"高斯模糊"滤镜

"高斯模糊"滤镜可以向图像中添加低频细节，使图像产生朦胧的模糊效果，是常用的一种模糊滤镜。其参数"半径"用来设置模糊程度，数值越大，模糊效果越明显。

4．"径向模糊"滤镜

"径向模糊"滤镜用于旋转相机或模拟缩放时所产生的模糊，产生的是一种柔化的效果。操作窗口如图 7-2-6 所示，参数设置如下。

（1）数量：用于设置模糊的强度，数值越大，图像越模糊。

（2）模糊方法：选择"旋转"选项时，产生沿同心圆旋转的模糊效果；选择"缩放"选项时，产生从中心向外辐射的模糊效果，如图 7-2-25 所示。

（3）品质：设置模糊效果的质量。

（4）中心模糊：拖动光标，定位模糊中心点，位置不同，模糊中心也不同。

二、"像素化"滤镜组

"像素化"滤镜组可以将图像分块或者平面化处理。

1．"彩块化"滤镜

"彩块化"滤镜使用纯色或相近颜色的像素结块来重新绘制图像，类似手绘的效果，没有调节参数，可以一键化处理图像，效果如图 7-2-26 所示。

2．"彩色半调"滤镜

"彩色半调"滤镜模拟在图像的每个通道上使用半调网屏的效果，将一个通道分解为若干个矩形，然后用圆形替换掉矩形，圆形的大小与矩形的亮度成正比，效果如图 7-2-27 所示。操作窗口如图 7-2-28 所示，参数设置如下。

（1）最大半径：设置半调网屏的最大半径。

图 7-2-25

图 7-2-26

图 7-2-27

图 7-2-28

（2）对于灰度图像：只使用通道 1。

（3）对于 RGB 图像：使用 1、2 和 3 通道，分别对应红色、绿色和蓝色通道。

（4）对于 CMYK 图像：使用所有四个通道，对应青色、洋红、黄色和黑色通道。

3. "马赛克"滤镜

"马赛克"滤镜将像素结为方形块，产生马赛克的效果。操作窗口如图 7-2-29 所示，效果如图 7-2-30 所示，参数设置如下。

单元格大小：调整色块的尺寸。

图 7-2-29

图 7-2-30

三、"纹理"滤镜组

"纹理"滤镜组可以在图像中添加纹理质感，产生一种将图像制作在某种材质上的质感变化。该滤镜在"滤镜库"中，操作界面如图 7-2-31 所示。

1. "马赛克拼贴"滤镜

"马赛克拼贴"滤镜可以模拟将图像用马赛克碎片拼贴起来的效果，还模拟了实际瓷砖

图　　7-2-31

之间通常存在的灌浆，增强了效果的真实感。其效果如图 7-2-32 所示。参数设置如下。

图　　7-2-32

（1）拼贴大小：控制马赛克方块的尺寸大小。数值越小，马赛克方块就越小，图像看起来越细腻；数值越大，马赛克方块就特别大，图像会显得很粗犷，细节丢失严重。

（2）缝隙宽度：决定每个马赛克方块之间缝隙的宽窄程度。数值低时，缝隙窄，拼贴看起来紧密；数值高，缝隙就宽。

（3）加亮缝隙：控制缝隙的颜色亮度。数值越小，缝隙越暗；数值越大，缝隙越亮。

2．"拼缀图"滤镜

"拼缀图"滤镜将图像分解成由指定区域主色填充的正方形块，通过调整块的深度来模拟高光和阴影效果。此滤镜特别适用于创造像素风格的艺术效果或给图像添加一种独特的几何纹理，如图 7-2-33 所示。参数设置如下。

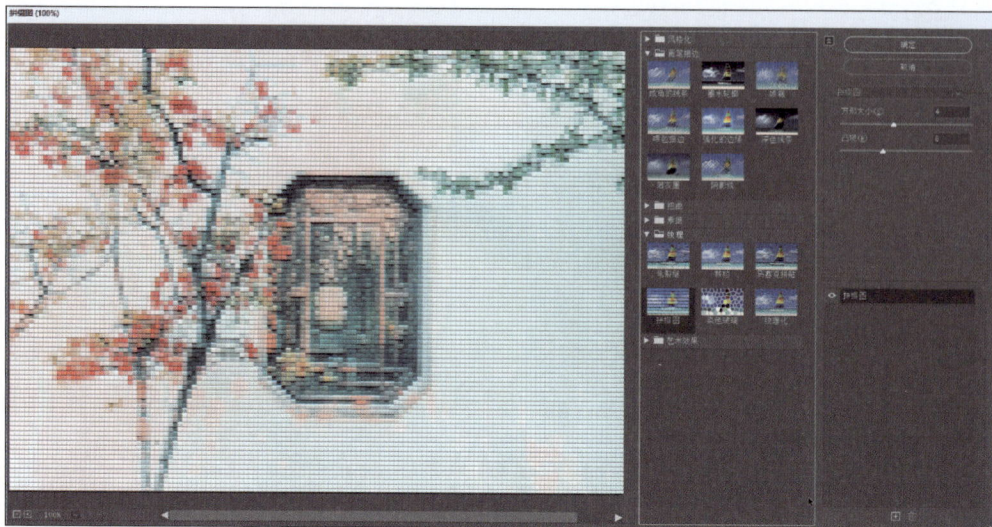

图　7-2-33

（1）方形大小：决定拼缀图中每个小方块的尺寸大小。数值越小，小方块就越小，图像被分割得越细碎，看起来更精致、细腻；数值越大，小方块越大，图像就显得比较粗犷、大气。

（2）凸现：控制小方块的立体凸出程度。数值高时，小方块会有明显的向外凸出的立体感，就好像这些小方块是贴在一个立体表面上一样。

3.＂染色玻璃＂滤镜

＂染色玻璃＂滤镜可以用于将图像转换为看似由多个单色单元格组成的玻璃窗效果，这些单元格由前景色勾勒的边框分隔。该滤镜能让图像呈现出类似彩色玻璃拼接的奇妙效果，如图 7-2-34 所示。参数设置如下。

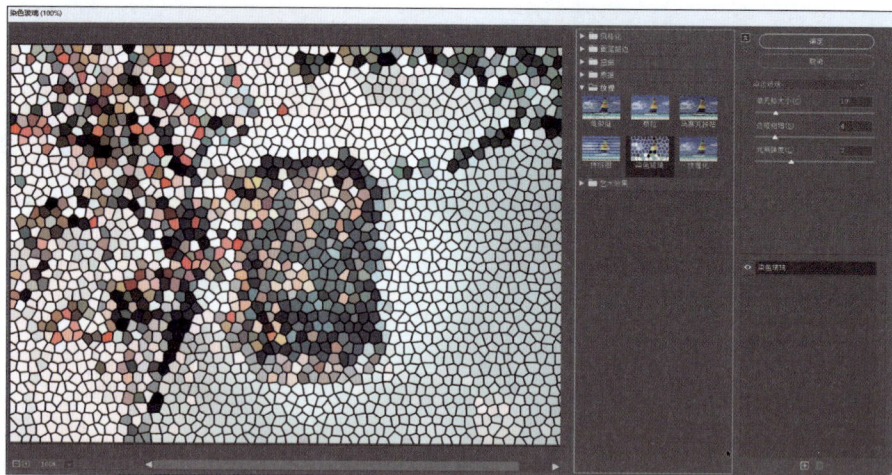

图　7-2-34

（1）单元格大小：这个参数控制着染色玻璃格子的大小。数值越小，玻璃格子就越小，图像会被分割成密密麻麻的小块；数值越大，格子越大，画面分割感没那么强烈，相对简洁。

（2）边框粗细：决定玻璃格子边框线条的粗细程度。数值低，边框很细，玻璃之间的分隔线若有若无；数值高，边框变粗，玻璃之间的界限就非常明显。

（3）光照强度：调整模拟通过染色玻璃的光线的强度，影响图像的明暗和视觉效果。数值低时，几乎没有光照效果，图像比较平淡；数值高时，会产生一种类似从背后打光透过彩色玻璃的效果，让玻璃格子看起来更加明亮、通透。

4．"纹理化"滤镜

"纹理化"滤镜可将一层纹理图案覆盖到原始图像上，纹理可以是预设的（如砖形、粗麻布、画布、砂岩等）或是自定义的任何 PSD 格式图像。它提供了多种调整选项，使得纹理可以按需求调整，以达到理想的视觉效果。其操作窗口如图 7-2-35 所示，4 种纹理效果如图 7-2-36 所示，参数设置如下。

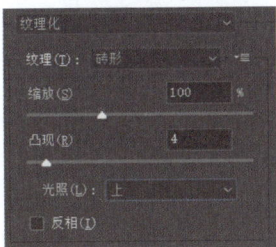

图 7-2-35

图 7-2-36

（1）纹理：提供多种预设的纹理选择，包括砖形、粗麻布、画布、砂岩。

（2）载入纹理：允许用户载入自定义的纹理文件（.PSD 文件），用于创造独一无二的纹理效果。

（3）缩放：调整纹理的大小，影响纹理在图像上的覆盖程度和外观。默认值为 100%，值的范围为 50%～200%。

（4）凸现：调整纹理的立体效果，使纹理看起来更加真实。

（5）光照：选择光源方向（包括下、左下、左、左上、上、右上、右、右下等选项），影响图像的光影效果和纹理的视觉深度。

（6）反相：反转纹理的颜色和明暗，创造不同的视觉效果。

任务三 制作京剧纪念币

【任务描述】

纪念币是一个国家为纪念国际或本国的政治、历史、文化等方面的重大事件、杰出人物、名胜古迹、珍稀动植物、体育赛事等而发行的法定货币，通常都是限量发行。我们在 Photoshop 软件中设计京剧纪念币的样式，为传统文化的传播尽一份力。

任务素材

本任务通过制作京剧纪念币，引导学生学习"风格化"滤镜组中的"浮雕效果"的使用方法。

【任务实施】

一、制作硬币底部

（1）新建大小为 600×600 像素、分辨率为 72PPI 的空白文件"京剧纪念币"，新建图层 1，选择椭圆选框工具，按住 Shift 键绘制一个正圆，如图 7-3-1 所示。

（2）将前景色设置为"♯ababab"，使用"编辑"菜单栏中的"填充"命令，弹出"填充"对话框，填充内容选择"前景色"，如图 7-3-2 所示，单击"确定"按钮，"图层 1"中的正圆显示灰色。

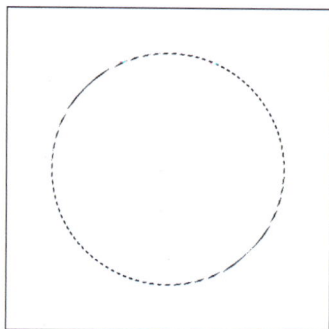

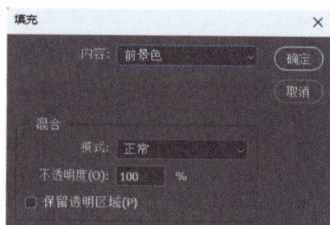

图　7-3-1　　　　　　　　　　　　图　7-3-2

（3）选择"编辑"菜单栏中的"描边"命令，弹出"描边"对话框，设置描边宽度为"10 像素"，颜色为"黑色"，位置为"居外"，如图 7-3-3 所示，按 Ctrl+D 组合键取消选取，效果如图 7-3-4 所示。

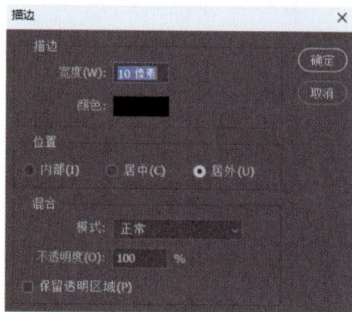

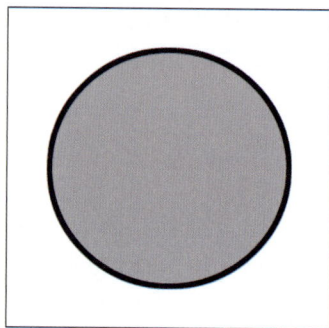

图　7-3-3　　　　　　　　　　　　图　7-3-4

（4）选择"滤镜"→"风格化"→"浮雕效果"命令，弹出"浮雕效果"对话框，设置"角度"为"135 度"、"高度"为"4 像素"、"数量"为"70％"，如图 7-3-5 所示，单击"确定"按钮，效果如图 7-3-6 所示。

二、制作京剧人物头像

（1）打开"人物.psd"，将"人物"拖曳至"京剧纪念币"文件中，使用"椭圆选框工具"选出需要的部分并调整其大小和位置，如图 7-3-7 所示。

（2）为"人物"添加"浮雕效果"滤镜，参数设置如图 7-3-8 所示，效果如图 7-3-9 所示。

（3）此时人物浮雕呈现出彩色的描边，需要去掉这些彩色描边。使用"图像"→"调整"→"去色"命令，效果如图 7-3-10 所示。

图　7-3-5

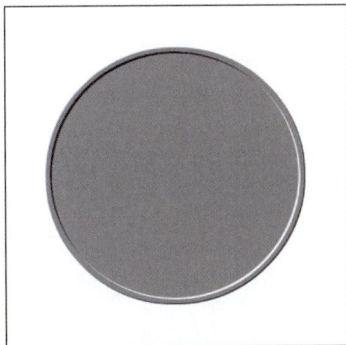

图　7-3-6

图　7-3-7

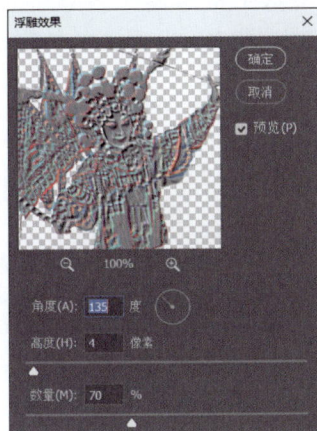

图　7-3-8

图　7-3-9

图　7-3-10

三、制作硬币立体投影效果

（1）选中"图层1"，单击图层面板下方"fx"图层样式按钮，选择"投影"，弹出"图层样式"对话框，设置参数如图7-3-11所示，单击"确定"按钮，最终效果如图7-3-12所示。

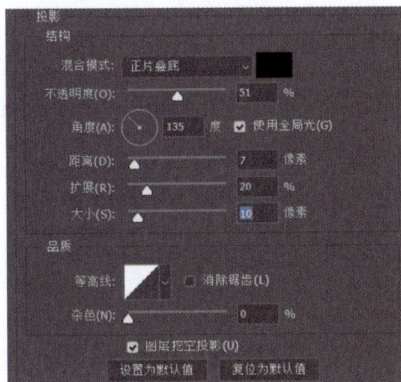

图　7-3-11

图　7-3-12

（2）按 Ctrl＋S 组合键保存文件，使用"文件"→"存储副本"命令，将文件存储为"京剧纪念币.jpg"。

【知识链接】

一、"风格化"滤镜组

"风格化"滤镜组通过置换像素、查找并增加图像的对比度，从而产生绘画或印象派效果。

1."查找边缘"滤镜

"查找边缘"滤镜能够突出图像中的边缘，同时保留原图的颜色信息，通过分析图像的色彩和亮度变化来识别边缘，从而创造出彩色铅笔画的视觉效果。效果如图 7-3-13 所示。

2."风"滤镜

"风"滤镜可根据图像边缘中的像素颜色增加一些细小的水平线条来模拟风吹的效果。该滤镜不具有模糊图像的效果，它只影响图像的边缘。操作窗口如图 7-3-14 所示，参数设置如下。

图　7-3-13

图　7-3-14

（1）方法。

① 风：添加细小且连续的线条，模拟了轻微风吹过图像的效果。

② 大风：提供了更强烈且更集中的风效果，线条更粗，给人一种大风力吹拂的感觉。

③ 飓风：使图像中的线条发生偏移，模仿了飓风导致的不规则风向，增加了视觉上的混乱感和动态感。

（2）方向。

① 从右：模拟风从图像右侧吹向左侧，线条从右向左延伸。

② 从左：模拟风从图像左侧吹向右侧，线条从左向右延伸。

3."浮雕效果"滤镜

"浮雕效果"滤镜通过勾勒图像或选区的轮廓和降低周围颜色值来生成凹陷或凸起的浮雕数果。操作窗口及效果如图 7-3-15 所示。参数设置如下。

（1）角度：设置浮雕效果的光源方向，范围从－360°到＋360°。角度的选择会影响浮雕效果中高光和阴影的分布,从而形成凸起或凹陷的效果。度数为正值时有凸起效果,为负值时则是凹陷的感觉。

(2)高度:用于控制浮雕效果的立体感强度,即凸起或凹陷的高度。范围为 1～100 像素。较高的值会增强立体感,使效果更加显著。

(3)数量:控制边缘颜色数量的百分比。可用于控制整体强度,影响最终效果,默认值为 100%。范围为 0～500%。值为 1%,整个图像填充为中性灰,较低的百分比会使效果更细腻,而较高的百分比则使效果更粗犷。

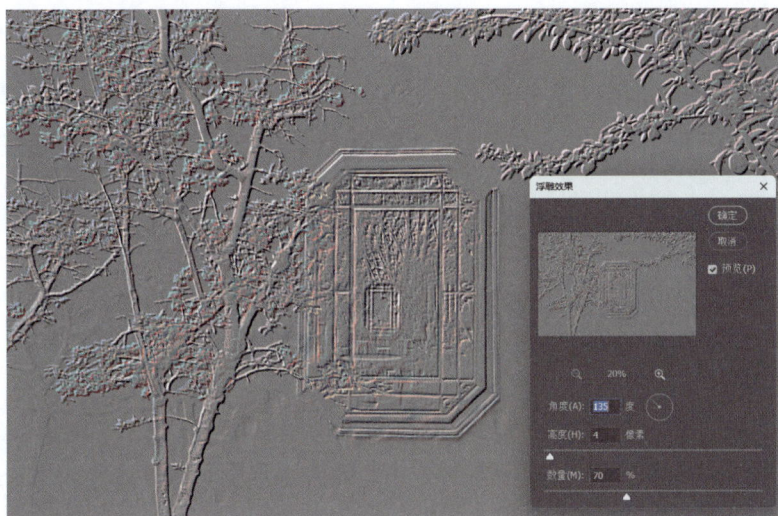

图 7-3-15

4."拼贴"滤镜

"拼贴"滤镜可以将图像切割为虚度小方块并使其偏离原来的位置留下空白部分,以产生不规则拼贴的艺术效果。仅支持 8 位/通道的图像。其操作窗口及效果如图 7-3-16 所示。参数设置如下。

图 7-3-16

（1）拼贴数：设置拼贴块的数量。实质上是设置图像水平方向上的拼贴块数，然后自动计算出垂直方向上的拼贴块数。

（2）最大位移：设置拼贴块位移的最大随机距离。其单位是拼贴块大小的百分比。默认值为 10%，范围从 1% 到 99%。数值越大，每个拼贴块相对于其原始位置的偏移程度就越大，这会使图像的拼贴效果更为显著和混乱。相反，较小的数值会导致较微妙的效果，拼贴块的位移不会太远，使图像的连贯性更强。

（3）填充空白区域用：选择如何填充拼贴块位移之后留下的空白区域。包括背景色、前景颜色、反向图像、未改变的图像。

5. "凸出"滤镜

"凸出"滤镜将图像分割成多个小方块作为基底，随机或根据基底块的亮度信息来确定凸出的视觉高度，从而创造出多个柱体或锥体排列的 3D 纹理效果。其操作窗口及效果如图 7-3-17 所示。参数设置如下。

（1）块：创建具有一个正方形的正面和四个侧面的对象。

（2）金字塔：创建具有相交于一点的四个三角形侧面的对象。

（3）大小：确定对象的基础长度，数值从 2 像素到 255 像素。

（4）深度：指出突出的最高对象与屏幕的距离，数值从 1 到 255。

（5）随机：给每个块或金字塔提供一个随机深度。

（6）基于色阶：使每个对象的深度与其亮度相对应，即亮的对象比暗的对象更加突出。

（7）立方体正面：用块的平均颜色填充每个块的正面。取消选择"立方体正面"会用图像填充每个块的正面。此选项不可用于"金字塔"。

（8）蒙版不完整块：隐藏选区之外的任何对象。

图　7-3-17

二、"渲染"滤镜组

"渲染"滤镜组可在图像中创建云彩团、3D 形状、折射图案和模拟的光反射效果等。

1. "火焰"滤镜

"火焰"滤镜可以模拟生成火焰,应用方便。该滤镜沿定义的路径生成火焰,因此需要在应用滤镜之前先绘制一条或多条路径。可以进行多种选项调整,包括火焰的长度、宽度、角度和颜色等,以生成各种火焰效果。操作窗口如图 7-3-18 所示。基本参数设置如下。

(1) 预设:可以自定义、载入、存储以及删除预设。

(2) 火焰类型:不同的火焰类型可能对应不同的选项,共有六种类型。

① 沿路径一个火焰:在指定的路径上生成单一的连续火焰效果。

② 沿路径多个火焰:在路径上生成多个分开的火焰,每个火焰独立渲染。

③ 一个方向多个火焰:生成沿着多个路径指向的火焰,每条路径的方向和形状都是一样的。

④ 指向多个火焰路径:生成沿着多个路径指向的火焰,每条路径可以有独自的方向性和形状。

⑤ 多角度多个火焰:在不同的角度上生成多个火焰,每个火焰的方向可以有所不同,提供更为动态的视觉效果。

⑥ 烛光:模拟真实的烛光火焰,通常较小且集中,适合模拟静态的光源。

(3) 长度:控制火焰从起点到终点的长度,较长的火焰可以覆盖更大的区域。

(4) 随机化长度:使每个火焰的长度略有不同,增加火焰的自然和随机性。

(5) 宽度:设置火焰的宽度,影响火焰的整体尺寸。宽度较大的火焰看起来更为壮观和明显。

(6) 角度:调整火焰倾斜的角度,影响火焰的方向感。可以模拟风向效果或火焰的自然倾斜。

(7) 时间间隔:在使用"沿路径多个火焰"时,调整各火焰之间的距离,距间越大,火焰之间的独立性越强。

(8) 调整循环时间间隔:在创建循环动画或连续效果时,调整火焰在循环中出现的时间间隔,以保持视觉上的连贯性。

(9) 为火焰使用自定颜色:为火焰设置特定的颜色,可以使用任何想要的颜色,使火焰适应特定的视觉风格或主题。

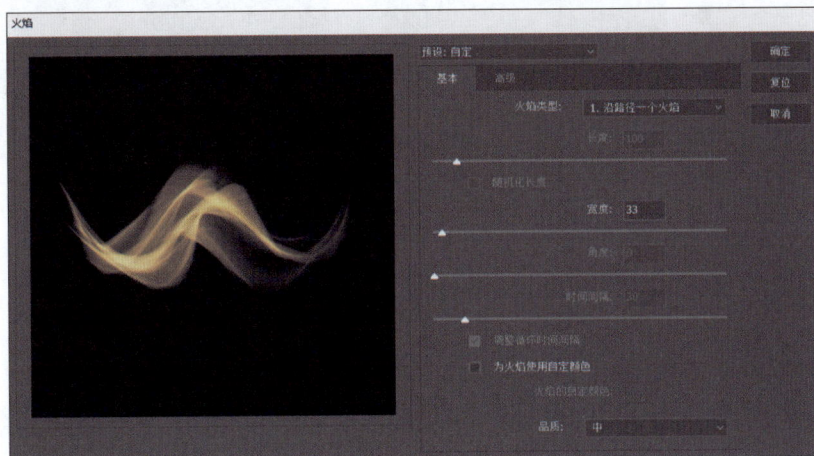

图 7-3-18

（10）品质：根据渲染速度和质量的需要选择适合的品质级别。高品质设置会生成更细致的火焰效果，但渲染时间更长。

2．"图片框"滤镜

"图片框"滤镜可以模拟制作修饰边框、相框等。其参数设置如图 7-3-19 所示。

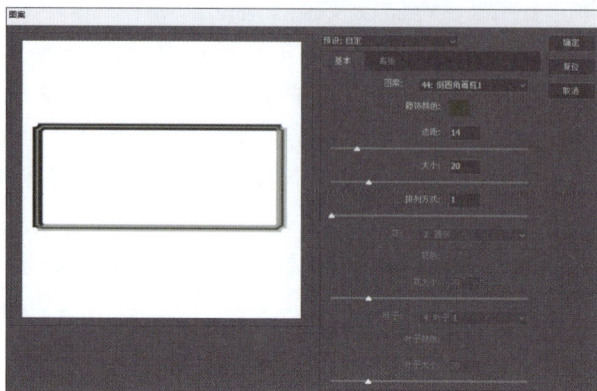

图　7-3-19

3．"树"滤镜

"树"滤镜可以模拟生成各种树，其参数设置如图 7-3-20 所示。在"基本"选项卡中，可以选择"基本树类型"，设置"光照方向""叶子数量""叶子大小""树枝高度""树枝粗细""叶子类型"等参数。

4．"分层云彩"滤镜

"分层云彩"滤镜使用随机生成的介于前景色与背景色之间的值，生成云彩图案。与"云彩"滤镜不同的是，此滤镜将云彩数据和现有的图层图像像素混合。效果如图 7-3-21 所示。

图　7-3-20

图　7-3-21

5．"光照效果"滤镜

"光照效果"滤镜在图像上制作各种光照效果（只能用于 RGB 文件）。参数设置及效果如图 7-3-22 所示。

6．"镜头光晕"滤镜

"镜头光晕"滤镜可以模拟亮光照射到相机镜头所产生的折射效果，其操作窗口如图 7-3-23 所示。在对话框中单击图像缩览图的任一位置或拖动其十字线，可以指定光晕中

图 7-3-22

心的位置。参数设置如下。

（1）亮度：调整光晕的亮度，影响光晕的显著程度和光效的强度。

（2）镜头类型：提供不同的镜头模拟选项，每种镜头类型都有独特的光晕特征。

（3）50～300 毫米变焦：变焦镜头，适用于模拟从广角到长焦的变化光晕效果。

（4）35 毫米聚焦：标准的固定焦距镜头，产生标准的光晕效果，适用于大多数场景。

（5）105 毫米聚焦：中长焦镜头，光晕较为集中且稍微有点压缩，适合突出特定元素。

（6）电影镜头：模拟电影镜头，光晕效果具有电影感，适用于视频制作或想要电影效果的照片。

7．"云彩"滤镜

"云彩"滤镜可根据当前的前景色和背景色之间的变化随机生成柔和的云彩效果，并将原稿内容全部覆盖，通常用来产生一些背景纹路，效果如图 7-3-24 所示（按 Alt＋Cul＋F 组合键，重复执行"云彩"滤镜，可得到不同的随机效果）。

图 7-3-23

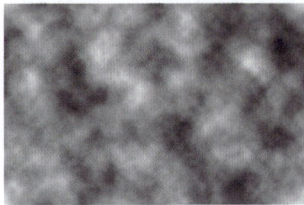

图 7-3-24

项目测试

一、选择题

1．下列选项中不能使用 Photoshop"滤镜"功能的是（　　　）。

    A. 加了图层样式后的普通图层   B. 锁定的普通图层

    C. 文字图层栅格化后   D. 背景图层

2. 所有的滤镜都应用于(　　　)。

    A. 索引   B. 位图   C. CMYK 模式   D. RGB 模式

3. 下列滤镜不属于扭曲滤镜的是(　　　)。

    A. 切变   B. 极坐标   C. 波纹   D. 分层云彩

4. 如果一张图片的扫描效果不够清晰,可以使用(　　　)滤镜弥补。

    A. 中间值   B. 风格化   C. 锐化   D. 去斑

5. 在滤镜中,以下不是风的处理方式的是(　　　)。

    A. 小风   B. 风   C. 大风   D. 飓风

二、简答题

1. 请列举"模糊"滤镜组中的滤镜。

2. 简述"极坐标"滤镜中"平面坐标到极坐标"效果与"极坐标到平面坐标"效果的区别。

三、案例分析题

观察图 7-1 和图 7-2,回答下列问题。

(1) 图 7-1 和图 7-2 分别使用了什么滤镜?

(2) 请阐述图 7-1 和图 7-2 的制作步骤。

图　7-1   图　7-2

四、综合应用题

请根据提供的素材(图 7-3)写出制作"猴戏"宣传页的步骤,要求:文件大小为:宽 720 像素、高 1016 像素、分辨率 72PPI;文字、人物使用相应滤镜效果,并添加火焰,效果参考(图 7-4),要求保存文件名为"猴戏宣传海报"的 PSD 格式文件。

项目素材

五、技能操作题

花旦是传统京剧角色行当,扮演的多为天真烂漫、性格开朗的妙龄女子。请根据以下提供的素材完成上机操作,要求如下:

(1) 在 Photoshop 中打开"窗花"素材(图 7-5),以此为背景制作效果图,文件名为"花旦"。

(2) 将"人物"素材(图 7-6)导入文件中,利用移动工具调整其大小和位置。

（3）复制"窗花"层和"人物"层，制作人物在窗户后面的效果，并为其制作磨砂玻璃效果。

（4）最终效果参考（图 7-7），保存文件格式为 JPEG，文件名为"花旦"。

图　7-3

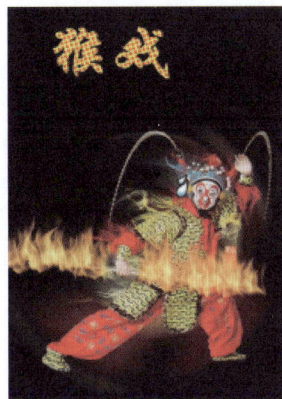

图　7-4

图　7-5

图　7-6

图　7-7

项目评价

知 识 技 能	了　解	基本掌握	熟练掌握
滤镜的添加方法	☆☆☆	☆☆☆	☆☆☆
滤镜库、智能滤镜的使用	☆☆☆	☆☆☆	☆☆☆
其他各滤镜组包含的滤镜及效果	☆☆☆	☆☆☆	☆☆☆
综 合 素 养	**自　评**		**互　评**
请从以下方面进行评价。 1.是否了解国粹京剧，能否准确表达传统文化的精髓和魅力。 2.任务作品的完成度与完整性。 3.操作过程中是否有良好的工作习惯。			

项目八

综 合 应 用

知识目标

1. 掌握标尺与参考线的使用方法。
2. 掌握图层蒙版与剪贴蒙版的具体应用方法。
3. 掌握钢笔工具及路径的操作。
4. 掌握图层混合模式的应用方法。
5. 掌握图层样式的应用方法。
6. 掌握自由变换、透视等操作方法。
7. 掌握文字及文字变形的操作方法。
8. 掌握填充命令的使用方法。
9. 熟练应用滤镜库。

技能目标

1. 能够灵活运用 Photoshop 技术技巧,达到相应的效果。
2. 掌握软件中各种工具的操作技巧。
3. 能够根据效果分析得出具体操作方法。
4. 能够熟练掌握案例的制作方法。

项目情境

　　包装设计是指选用合适的包装材料,运用巧妙的工艺手段,为包装商品进行的容器结构造型和包装的美化装饰设计,起到保护产品、美化宣传的作用。通常我们在 Photoshop 中进行包装设计时,要注意与产品类型、品牌理念相一致,注重图形、文字、图像、色彩、构图等要素的综合运用,达到和谐、美观的视觉效果。

　　中国的茶文化源远流长,唐陆羽所著《茶经》中提到:"茶之为饮,发乎神农氏。"到了魏晋南北朝时,茶一度成为奢侈饮品。隋唐以后,茶饮更为普及,品茶、论茶也成为一种风尚,直至陆羽著《茶经》才对茶文化进行系统梳理和著述,他提出"精行俭德"的茶道精神,值得后人传承发展。2022 年中国传统制茶技艺及其相关习俗被列入联合国教科文组织人类非物质文化遗产代表作名录。

　　本项目给大家展示的是利用 Photoshop 设计茶的书籍封面及包装盒,将茶文化与现代技术手段相结合,是富有挑战性和创意性的任务,也是传统与科技的碰撞。

项目分解

本项目包含以下两个任务。

任务一　设计《茶》书籍封面

任务二　设计茶叶包装盒

本项目将通过以上两个任务,对本书中所学知识进行系统的练习,培养学生的分析能力及灵活的应用能力。

任务一　设计《茶》书籍封面

【任务描述】

书籍封面是书籍内容的外在体现,对于主题为"茶"的书籍,设计元素应紧密围绕茶展开。例如,可以使用茶叶、茶具、茶文化场景(如茶馆、茶农采茶等)作为主要视觉元素,让读者一眼就能联想到书的主题是茶。

本任务所有元素都与茶有关,我们运用多种 Photoshop 操作技巧,将其进行合理的设计安排,达到美观的视觉效果。

任务素材

【任务实施】

一、制作背景

(1)新建宽为 1280 像素、高为 720 像素、分辨率为 72 像素/英寸的空白文件,选择"视图"菜单栏中的"标尺"命令,显示标尺。

(2)预留出血位,选择"视图"→"参考线"→"新建参考线"命令,在弹出的对话框中设置参数创建参考线,垂直方向参考线的位置分别是"0.6 厘米""21 厘米""24.7 厘米""44.4 厘米",水平方向参考线的位置分别是"0.6 厘米""24.6 厘米",效果如图 8-1-1 所示。

(3)选择"渐变工具",选择两色渐变,颜色分别设置为"♯e9ffc6""ffffff"。按住鼠标左键从下方往上垂直拉动,设置背景为由黄绿到白色的渐变效果,如图 8-1-2 所示。

图　8-1-1

图　8-1-2

二、制作封面效果

(1)将"茶园"素材导入文件中,并放在合适位置,使用快捷键 Ctrl+T 调整其大小,如

图 8-1-3 所示。

图 8-1-3

（2）选中"茶园"图层，单击"图层"面板下方的"添加图层蒙版"按钮 ，为其添加图层蒙版，选择"画笔工具"，设置画笔样式为"干介质画笔"中的"kyle 的终极粉彩派对"，颜色为"黑色"，在"蒙版缩览图"中进行绘制，最终效果如图 8-1-4 所示。

图 8-1-4

（3）使用"文字工具"添加文字"茶"，设置合适的字体并调整大小，将其进行"栅格化图层"处理。

（4）将"茶园 2"素材导入文件中，调整位置及大小，将其放置在"茶"图层之上，选择"茶园 2"图层，右击，选择"创建剪贴蒙版"命令，为"茶"图层添加剪贴蒙版，效果如图 8-1-5所示。

（5）添加文字"中国传统文化"，设置字体为"宋体"，字号大小为"34"。导入"茶叶"素材，将其放置在文字"中国传统文化"周围，效果如图 8-1-6 所示。

（6）添加文字"某某著"字样，封面效果如图 8-1-7 所示。

三、制作封底效果

（1）添加"精行俭德"字样，调整其大小和位置，并设置该图层的混合模式为"叠加"，效果如图 8-1-8 所示。

（2）使用"直排文字工具"，输入《茶经》中的一段话，设置字体为"楷体"，并调整其具体位置。

图 8-1-5

图 8-1-6

图 8-1-7

图 8-1-8

（3）导入"茶具"素材，将其混合模式修改为"变暗"，并调整其大小和位置。

（4）导入"条形码"素材，将其放置在封底的右下角，封底最终效果如图 8-1-9 所示。

四、制作书脊

（1）添加"茶""某某著""中国文化出版社"字样，分别设置不同的字体和大小。

（2）复制"茶叶"素材，使用"橡皮擦工具"将多余的茶叶擦除。使用快捷键 Ctrl＋T 调整其大小、方向和位置，书脊效果如图 8-1-10 所示，整体样式效果如图 8-1-11 所示。

图 8-1-9

图 8-1-10

五、制作立体效果

（1）选中最上面的图层，按快捷键 Shift＋Ctrl＋Alt＋E 盖印图层，生成一个有完整图像的图层，并保存文件，图层效果如图 8-1-12 所示。

（2）新建大小为 1280×720 像素的空白文件，命名为"立体书籍"。

图　8-1-11

图　8-1-12

（3）在原文件中，选中盖印层，使用"矩形选框工具"，框选封面部分，使用移动工具将其拖曳至"立体书籍"文件中，如图 8-1-13 所示。

图　8-1-13

（4）按快捷键 Ctrl＋T，鼠标放到图像上，右击选择"透视"命令，调整图像透视效果，如图 8-1-14 所示。

（5）再次将鼠标放到图像上，右击选择"自由变换"命令，缩短图像的宽度，效果如图 8-1-15 所示。

（6）将鼠标放到图像上，右击选择"斜切"命令，调整右侧中间锚点的位置，效果如图 8-1-16 所示。

（7）使用上述方法，制作书脊部分立体效果，如图 8-1-17 所示。

（8）新建图层，使用"多边形套索工具"绘制选区，如图 8-1-18 所示。

（9）调整前景色为白色，使用快捷键 Alt＋Delete 将选区填充为浅灰色，取消选区，书籍立体效果如图 8-1-19 所示。

（10）在原文件中，选中盖印层，使用"矩形选框工具"，分别框选封底、书脊两部分，使用移动工具将其拖曳至"立体书籍"文件中。

图 8-1-14

图 8-1-15

图 8-1-16

图 8-1-17

图 8-1-18

图 8-1-19

（11）灵活运用"自由变换""透视""斜切"命令，制作第二本书的立体效果，如图 8-1-20 所示。

（12）按 Ctrl＋S 组合键保存文件并命名为"《茶》书籍封面设计"，最终效果如图 8-1-21 所示。

图 8-1-20

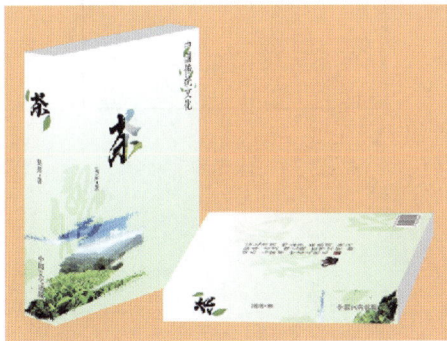
图 8-1-21

任务二　设计茶叶包装盒

【任务描述】

茶叶包装盒设计是茶叶品牌形象与产品价值的重要体现，其设计需兼顾美观性、实用性与文化内涵，需在传承与创新之间找到平衡点，既要体现传统

任务素材

文化的精髓,又要符合现代审美与消费习惯,从而助力茶叶品牌在市场上脱颖而出。

本任务通过对 Photoshop 技术的综合应用,结合茶文化元素,实现茶叶包装盒的设计。

【任务实施】

一、新建文件

(1)新建空白文件,大小为 1077×907 像素,分辨率为 72 像素/英寸。

(2)选择"视图"菜单栏中的"标尺"命令,显示标尺。

(3)选择"视图"菜单栏中的"参考线"命令中的"新建参考线"子命令,创建参考线,分出包装盒各部分,垂直参考线为"200 像素""870 像素",水平参考线为"200 像素""710 像素",效果如图 8-2-1 所示。

二、制作背景

(1)导入"背景图"素材,使用快捷键 Ctrl+T 调整背景图的大小和位置,如图 8-2-2 所示。

(2)选中"背景图"图层,单击"图层"面板下方的"添加图层蒙版"按钮,为背景图添加图层蒙版。

(3)选择"画笔工具",设置"画笔"大小为"300 像素","硬度"为"0%",前景色为"黑色"。

(4)选择"背景图"图层的"图层蒙版缩览图",使用"画笔工具"在"图层蒙版缩览图"中绘制,图层如图 8-2-3 所示,效果如图 8-2-4 所示。

图 8-2-1

图 8-2-2

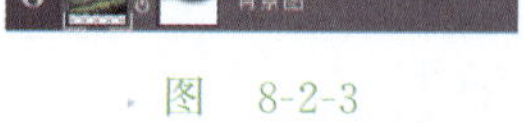

图 8-2-3

图 8-2-4

三、制作中间部分

(1)新建"图层 1",使用"矩形选框工具"框选出中间部分,如图 8-2-5 所示。设置前景色为"#43af2e",按快捷键 Alt+Delete 将选框填充为绿色,按快捷键 Ctrl+D 取消选区,效果如图 8-2-6 所示。

图　8-2-5

图　8-2-6

（2）使用"钢笔工具"绘制路径，如图 8-2-7 所示。单击"路径"面板下方的"将路径作为选区载入"按钮，将路径转化为选曲，按 Delete 键，将选区内的部分删除，效果如图 8-2-8 所示。

图　8-2-7

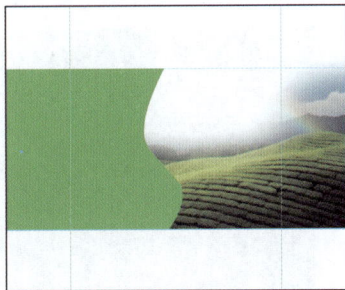

图　8-2-8

（3）选中"图层 1"，单击 fx 图层样式按钮，选择"投影"命令，为其添加"投影"图层样式，设置投影"角度"为"180 度"，其他参数设置如图 8-2-9 所示，效果如图 8-2-10 所示。

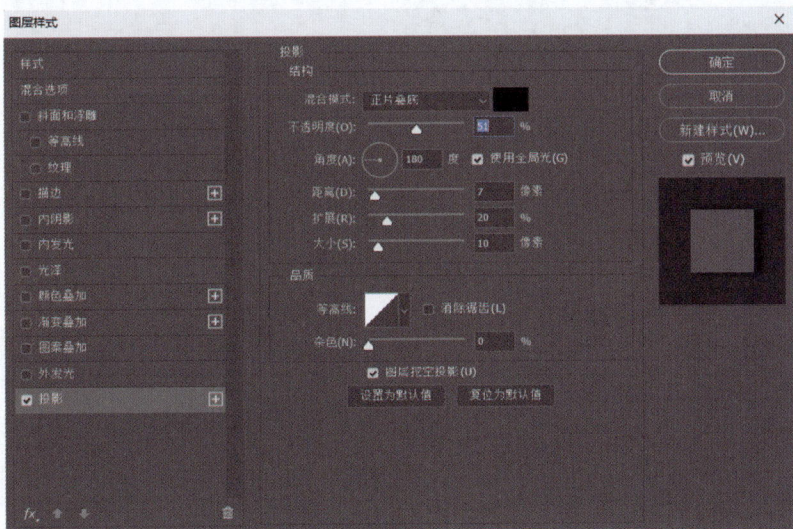

图　8-2-9

（4）将"茶壶"导入文件中，并调整其大小和位置，效果如图 8-2-11 所示。

（5）输入字样"百年传承"，添加"斜面浮雕"图层样式，参数设置如图 8-2-12 所示，效果如图 8-2-13 所示。

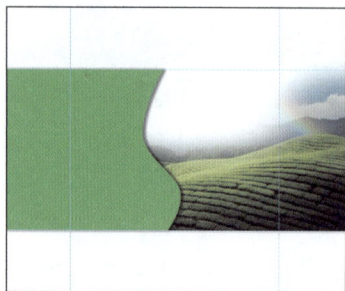

图　8-2-10

图　8-2-11

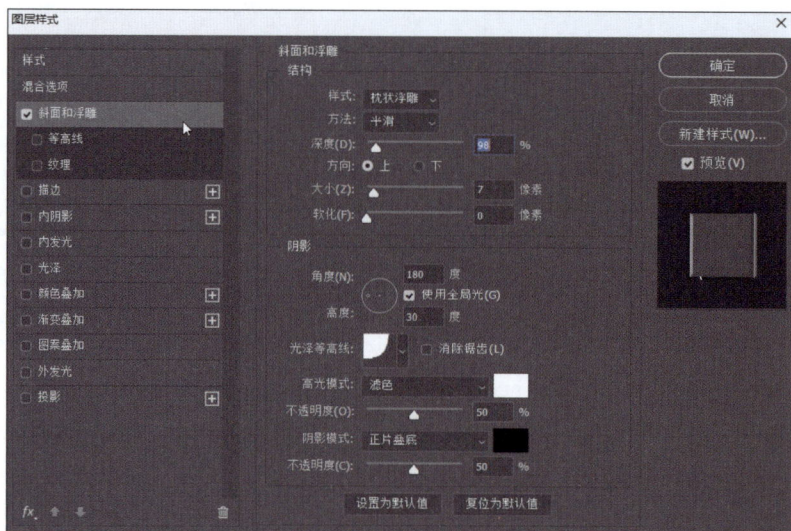

图　8-2-12

（6）添加文字"春茶"，选择合适的字体，颜色为"黑色"。双击文字层，选中文字，单击"工具选项栏"中的"创建文字变形"按钮，选择"扇形"样式，参数设置如图 8-2-14 所示，效果如图 8-2-15 所示。

图　8-2-13

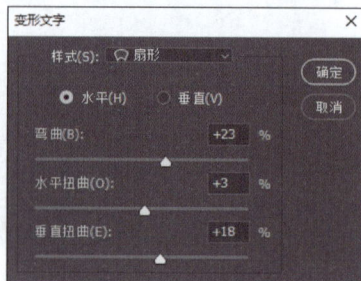

图　8-2-14

（7）导入"茶叶"素材，使用快捷键 Ctrl＋T 调整其大小和位置，效果如图 8-2-16 所示。

图　8-2-15

图　8-2-16

四、制作包装盒侧边

（1）新建图层，命名为"侧边"，使用"矩形选框工具"绘制出选区，如图 8-2-17 所示。

（2）选择"编辑"菜单栏中的"填充"命令，在弹出的对话框中选择"内容"为"图案"，在"选项"中选择"自定图案"为"草"，如图 8-2-18 所示，其他参数保持默认，单击"确定"按钮，选区填充效果如图 8-2-19 所示，按 Ctrl＋D 组合键取消选区。

图　8-2-17

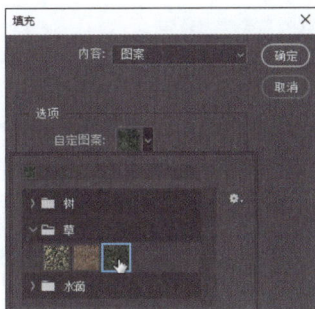

图　8-2-18

（3）设置前景色为"♯43af2e"，选中"侧边"层，在"滤镜"菜单栏中选择"滤镜库"命令，进入滤镜库编辑窗口，选择"素描"滤镜组中的"便条纸"滤镜，参数设置如图 8-2-20 所示，效果如图 8-2-21 所示。

（4）复制"侧边"，将其拖曳至上方合适的位置，最终效果如图 8-2-22 所示。

图　8-2-19

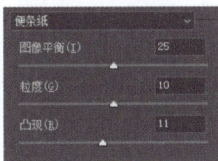

图　8-2-20

图　8-2-21

五、制作茶叶包装盒立体效果

（1）选中最上面的图层，按快捷键 Shift＋Ctrl＋Alt＋E 盖印图层，生成一个有完整图像的图层，图层效果如图 8-2-23 所示。

（2）新建大小为 1280×720 像素、分辨率为 72 像素/英寸的空白文件，命名为"立体包装盒"。

（3）在原文件中，选中盖印层，使用"矩形选框工具"，框选中间的部分，使用移动工具将其拖曳至"立体包装盒"文件中，如图 8-2-24 所示。

图 8-2-22

图 8-2-23

图 8-2-24

（4）按快捷键 Ctrl＋T，鼠标放到图像上，右击选择"透视"命令，如图 8-2-25 所示。调整锚点，调整后的效果如图 8-2-26 所示。

图 8-2-25

图 8-2-26

（5）再次将鼠标指针放到图像上，右击选择"自由变换"命令，调整下方中间锚点的位置，效果如图 8-2-27 所示。

（6）将鼠标放到图像上，右击选择"斜切"命令，调整下方中间锚点的位置，效果如图 8-2-28 所示。

（7）使用上述方法，将包装盒的侧边制作好，保存文件。最终效果如图 8-2-29 所示。

图 8-2-27

图 8-2-28

图 8-2-29

项目测试

一、选择题

1. 下面创建选区的常用功能中，不正确的是(　　)。

　　A. 按住 Alt 键的同时单击工具箱的选择工具，就会切换不同的选择工具

　　B. 按住 Alt 键的同时拖拉鼠标可得到正方形的选区

　　C. 按住 Alt 和 Shift 键可以形成以鼠标落点为中心的正方形和正圆形的选区

　　D. 按住 Alt 键使选择区域以鼠标的落点为中心向四周扩散

2. 在 Photoshop 中，利用图层混合模式调整图片时，若图片曝光不足，可采用的图层混合模式是(　　)。

　　A. 正常　　　　　　　　B. 正片叠底　　　　　　C. 滤色　　　　　　　D. 叠加

3. 图层创建选区后，单价图层调板底部的"添加图层蒙版"按钮，将(　　)。

　　A. 只显示选区以内的图像，选区以外的部分变为透明状态

　　B. 只显示选区以外的图像，选区图像将半透明状态

　　C. 选区以外内容将变为红色半透明状态

　　D. 只显示选区以外的图像，选区图像将变为透明状态

4. 以下影响自由钢笔绘制时添加锚点的密度的是(　　)。

　　A. 宽度　　　　　　　　B. 对比　　　　　　　　C. 频率　　　　　　　D. 磁性的

5. 当你要对文字图层执行滤镜效果时，首先应当(　　)。

　　A. 选择"图层"→"栅格化"→"文字"命令

　　B. 直接在滤镜菜单中选择一个滤镜命令

　　C. 确认文字图层没有和其他图层有链接

　　D. 使文字处于选中状态，然后在滤镜菜单中选择一个命令

二、简答题

1. 背景图层转为普通图层的方法有哪些？

2. 请写出平滑点转为角点的三种方法。

三、案例分析题

以上效果图为"茶韵"文字效果，请根据图 8-1 和图 8-2 分析该效果(图 8-3)的制作过程。

图 8-1　　　　　　　　　　图 8-2　　　　　　　　　　图 8-3

四、综合应用题

请根据提供的素材图(图 8-4～图 8-6)写出制作"百年茶韵"标志的步骤，要求：使用图层蒙版实现古画范围的选取；文字实现立体效果并通过路径实

项目素材

现弯曲效果；其他效果参考图 8-7。

图　8-4　　　　　图　8-5　　　　　图　8-6　　　　　图　8-7

五、技能操作题

茶流传至今已成为人们日常生活不可或缺的一部分，也催生了各种宣传手段，网站是茶文化公司常见的宣传手段，请根据提供的素材（图 8-8 和图 8-9）完成"网站 banner"（图 8-10）的制作，要求如下：

（1）在 Photoshop 中新建文件，名为"网站 banner"。

（2）背景效果通过图层蒙版实现。

（3）通过图层样式实现茶壶效果。

（4）利用路径实现圆角矩形及其效果。

（5）最终效果参考图 8-10，保存文件为 PSD 格式。

图　8-8　　　　　　　图　8-9　　　　　　　　图　8-10

📝 项目评价

知 识 技 能	了　解	基本掌握	熟练掌握
图层蒙版、图层样式及图层混合模式的应用	☆☆☆	☆☆☆	☆☆☆
路径的应用	☆☆☆	☆☆☆	☆☆☆
Photoshop基本工具的运用	☆☆☆	☆☆☆	☆☆☆
综 合 素 养	自　评		互　评
请从以下方面进行评价。 1. 是否了解中国茶文化，能否准确表达传统文化的精髓和魅力。 2. 任务作品的完成度与完整性。 3. 操作过程中是否有良好的工作习惯。			